非线性力学导论

徐博侯　曲绍兴　编著

ZHEJIANG UNIVERSITY PRESS
浙江大学出版社

内容提要

本教材是在浙江大学力学系开设多年的“非线性力学”课程讲义的基础上修订得到的，适用于32学时的研究生课程。在这门课程中，我们主要是以力学为例介绍一些非线性系统所特有的现象，使得对读者在今后的学习和工作中有所帮助。全书共分九讲：绪论、相空间与轨线、平面上的动力系统、结构稳定与分支（岔）现象、突变、单自由度力学系统的自由振动、单自由度力学系统的强迫振动、吸引子与混沌，以及分形与分数维。

图书在版编目（CIP）数据

非线性力学导论 / 徐博侯，曲绍兴编著. —杭州：浙江大学出版社，2012.3(2013.5 重印)
ISBN 978-7-308-09686-7

Ⅰ.①非… Ⅱ.①徐… ②曲… Ⅲ.①非线性力学
Ⅳ.①O322

中国版本图书馆 CIP 数据核字（2012）第 028823 号

非线性力学导论

徐博侯　曲绍兴　编著

责任编辑　樊晓燕
封面设计　刘依群
出版发行　浙江大学出版社
（杭州市天目山路 148 号　邮政编码 310007）
（网址：http://www.zjupress.com）
排　　版　杭州中大图文设计有限公司
印　　刷　杭州日报报业集团盛元印务有限公司
开　　本　710mm×1000mm　1/16
印　　张　8.5
字　　数　140 千
版 印 次　2012 年 3 月第 1 版　2013 年 5 月第 2 次印刷
书　　号　ISBN 978-7-308-09686-7
定　　价　22.00 元

前　言

严格地来说，我们在自然界、工程界、甚至在社会界所遇到的大部分问题都是非线性的，而线性问题不过是这些问题在平衡态附近的一个近似。线性问题比较简单，它满足迭加原理，所以只要把每种简单情形搞清楚，就很容易处理由这些简单情形所组合的复杂问题。此外，线性问题随维数增加其解（结构）的基本特性保持不变，只不过计算量增加。但非线性问题不一样，它会出现很多奇特的性质，如分支、突变、混沌、同步、分形、孤波等，而这些性质在线性系统中是不存在的。此外，当非线性系统的维数增加时，会出现很多新的性质，如神经网络系统，每个神经元都是一个简单的非线性单元，但当大量这样的单元联结在一起，就会产生很多匪夷所思的性质，譬如具备自组织、自学习功能等。

由于理工科大学生在本科阶段所接触的基本上是线性问题和仅适用于解决线性问题的工具（如线性代数和线性微分方程等），即使偶然碰到所谓的非线性问题，大都是离平衡态不远的非线性问题，它们的性态和对应的线性问题相似，而它们的解可以在线性解基础上用摄动方法求得。因而，对于上面列举的现象往往会感到很奇怪，不知所措。而在科学研究和工程实践中，我们常常会遇到一些奇怪的现象，其中一部分可以用非线性问题的性质来解释。在这门课程中，我们主要是以力学为例介绍一些非线性系统所特有的现象，以期对读者在今后的学习和工作中有所帮助。

全书是这么安排的：第 1 讲给出几个简单例子，培养对非线性问题性质的感性认识；第 2 讲主要介绍常微分方程的稳定性理论；第 3 讲介绍平面上动力系统的奇点与极限环理论；第 4 讲介绍由结构稳定性引起的各类分支（岔）现象；第 5 讲介绍分支中的一个特殊现象——突变；第 6、7 讲通过三个典型的力学问题——单摆运动、Van del Pol 振子和 Duffing 方程进一步讨论前面所讲的理论；第 8 讲初步介绍非线性系统中吸引子与混沌现象;第9讲介绍分形与分数维,以满足第8讲中所介绍的混沌吸引子理论所需。

本教材是在浙江大学力学系开设多年的"非线性力学"课程讲义的基础上修订得到的,适用于32学时的研究生课程。由于课程的性质、学时的限制,特别是编著者的学识所限,不足和错误之处在所难免,希望读者不吝提出宝贵意见。

作　者
于杭州浙江大学
2011年10月

目　录

第1讲 绪 论

本课程的主要目的是通过力学介绍非线性系统所特有的现象。迄今为止，我们处理的极大多数问题是线性或接近线性（有时称为弱非线性）的问题。线性问题比较容易处理，再加上线性问题解的迭加原理成立，所以当问题的维数增加时，原则上很多定性是不会改变的。而非线性问题却不同，它可以出现很多线性系统中不可能出现的现象，并且当维数增加时会不断出现一些新的性质。譬如神经网络系统，每个神经元都是一个简单的非线性单元；当大量的这样单元联结在一起，就会出现很多新的性质。由于课时关系，我们只介绍最基本的非线性系统的特点，即便如此，其新的特点也会使人目不暇接。通过学习使读者在今后的学习和工作中可以运用这些知识去了解、研究某些看起来是奇特的现象。

非线性系统还可以分成两类：确定性系统和随机系统，它们的区分取决于系统的参数或激励是确定性的还是随机的。本课程中我们研究的是确定性系统，即所有的参数和激励是确定性的，它们通常由差分方程或微分方程来描述，说明怎样由过去决定现在，有时也称为**动力系统**。

在本书中为简便起见，有时在函数上加点“·”，表示对时间的导数，如 $\dot{f}=\frac{\mathrm{d}f}{\mathrm{d}t}$；在函数上加撇“′”，表示对空间变量 x 的导数，如 $g'=\frac{\mathrm{d}g}{\mathrm{d}x}$。

1.1 差分动力系统例

由差分方程描述的发展过程称为**差分动力系统**。

例 1.1 差分方程（Logistic 映射）

$$x_{n+1}=\lambda x_n(1-x_n),\lambda\in(0,4],x_0\in[0,1] \tag{1.1}$$

由条件可知，$x_0 \in [0,1] \Rightarrow x_n \in [0,1]$①。$\lambda$ 称为系统的**控制参数**。

● **内在的随机性**

取 $\lambda=4$，对不同的 x_0（取 10 位有效数字），计算如下：

x_0	0.1	0.10000001	0.10000002
x_1	0.**36**	0.**3600000**032	0.**3600000**064
⋮			
x_{10}	0.**1478**365599	0.**1478**244449	0.**1478**125182
⋮			
x_{50}	D0.2775690810	0.4350573997	0.0550053776
x_{51}	0.8020943862	0.9831298346	0.2079191442

对初值的敏感（依赖）性导致内在的随机性，即不稳定性。一般来说，上述问题中如果有 100 位二进制初值，经过 100 次迭代后就无任何初值信息保留下来。

● **不动点 · 稳定集合**

若 $x=f(x)$，则称 x 为**不动点**，不动点有时也称为**定常解**或**平衡点**。在例 1.1 中有两个不动点：$x_1=0, x_2=1-\dfrac{1}{\lambda}$。

现在讨论不动点（附近）的**稳定性**。设 $\bar{x}=f(\bar{x})$ 是不动点，则

$$
\begin{aligned}
|x_{n+1}-\bar{x}| &= |f(x_n)-\bar{x}| \approx |f'(\bar{x})|\,|x_n-\bar{x}| \\
&\approx |f'(\bar{x})|^{n+1}\,|x_0-\bar{x}|
\end{aligned}
$$

所以当 $|f'(\bar{x})|<1$ 时，$x_n \to \bar{x}$；当 $|f'(\bar{x})|>1$ 时，$x_n \mapsto \bar{x}$。

在例 1.1 中，$f'(x)=\lambda(1-2x)$，所以

$$f'(x_1)=\lambda, f'(x_2)=2-\lambda$$

当 $\lambda<1$ 时，$x_1=0$ 是稳定点；当 $\lambda>1$ 时，$x_1=0$ 是不稳定点；当 $1<\lambda<3$ 时，$x_2=1-\dfrac{1}{\lambda}$ 是稳定点；当 $\lambda<1$ 或 $\lambda>3$ 时，x_2 是不稳定点。对于 $\lambda=1$ 或 $\lambda=3$，需要讨论高阶项。

系统的不稳定点在实际中难以观察到，而稳定的定常解可以从 $n\to\infty$ 得到。图 1.1 表示例 1.1 中的定常解，实线是稳定解，虚线是不稳定解。λ

---

① 由于 $x_0 \in [0,1]$，所以 $x_0 \geqslant 0, 1-x_0 \geqslant 0$，从而

$$x_0(1-x_0) \leqslant \frac{1}{4}[x_0+(1-x_0)]^2=\frac{1}{4} \Rightarrow (x_1 \in [0,1] \Rightarrow x_n \in [0,1], n=1,2,\cdots)$$

=1 处有尖点，同时从只有一个定常解变成两个定常解，其中一个稳定，另一个不稳定。

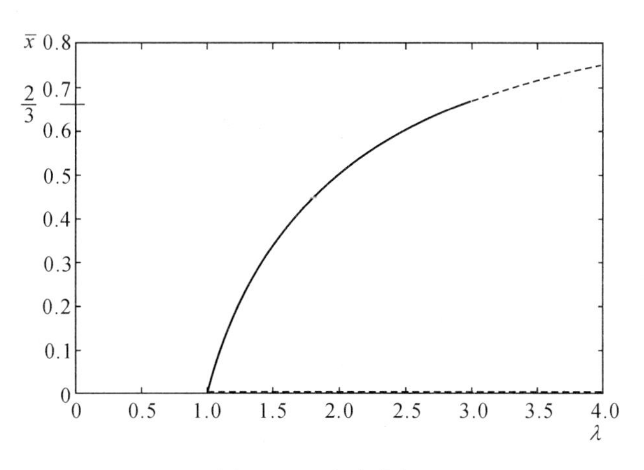

图 1.1 λ 和定常解

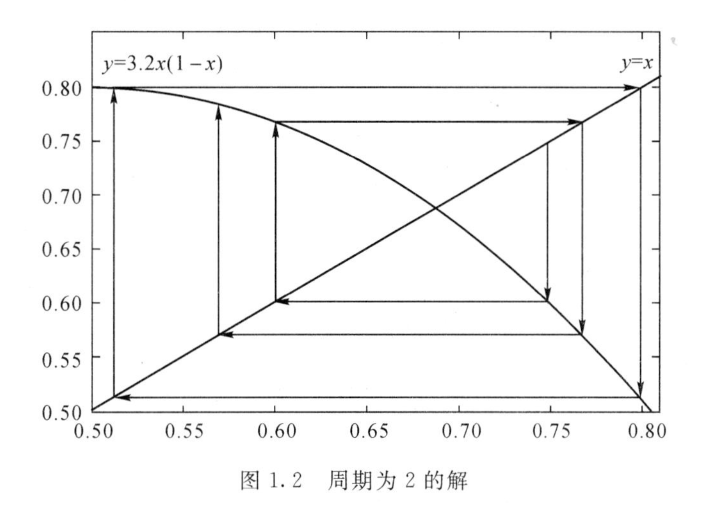

图 1.2 周期为 2 的解

● 周期解·分支

当 $\lambda>3$ 时除了有不动点外还有**周期解**。不难验证，当 $\lambda=3.2$ 时，0.5130，0.7995，0.5130，0.7995，…是周期为 2 的解（如图 1.2 所示）。

为了求得周期为 2 的解，由

$$\begin{aligned} x_{n+2} &= \lambda x_{n+1}(1-x_{n+1}) \\ &= \lambda^2 x_n(1-x_n)[1-\lambda x_n(1-x_n)] = f[f(x_n)] \end{aligned} \tag{1.2}$$

从而周期为 2 的解 ξ 是下述方程的定态解

$$\xi[1-\lambda(1-\xi)][1+\lambda(1-\xi)(1-\lambda\xi)]=0$$

这是四次代数方程，其中 $\xi[1-\lambda(1-\xi)]=0$ 对应的是原问题的不动点，而

$$[1+\lambda(1-\xi)(1-\lambda\xi)]=0 \tag{1.3}$$

对应的就是周期为 2 的解

$$\xi_{1,2}=\frac{1}{2\lambda}\left[1+\lambda\pm\sqrt{(1+\lambda)(-3+\lambda)}\right] \tag{1.4}$$

当 $\lambda=3.2$ 时，$\xi_{1,2}=0.5130, 0.7995$。

类似地，可以讨论周期为 2 的解的稳定性。可以证明，当

$$3<\lambda<1+\sqrt{6}=3.449$$

时，周期为 2 的解是稳定的。由于在上述区间中的定常解是不稳定的，所以对于任意非零初始值 $x_0\in[0,1]$，x_n 趋向周期为 2 的解。

当 $1+\sqrt{6}<\lambda<3.544\cdots$ 时，x_n 趋向周期为 4 的稳定解。取 $\lambda=3.5$，则周期为 4 的解为

$$\begin{array}{ccc} 0.3828 & \rightarrow & 0.8269 \\ \uparrow & & \downarrow \\ 0.8750 & \leftarrow & 0.5009 \end{array}$$

这样，在 $\lambda=3, 1+\sqrt{6}, 3.544, \cdots$ 处出现解的周期倍化现象，这些点称为**分支点**，而

$$\lambda=3.569945673\cdots$$

为上述分支点的极限，此时解的周期为 2^{∞}，即非周期的解。

- **混沌区**

当 $\lambda\in[3.5699\cdots,4]$ 时，一般来说其解是非周期的解，称为**混沌解**。但以上讨论的是限于有无周期为 2^n 的解；事实上 $[3.5699\cdots,4]$ 中还会有其他周期的解，譬如 $(1+\sqrt{8}, 3.841499\cdots)$ 是周期为 3 的解存在的窗口，等等；这样的窗口有无穷多个，但没有覆盖整个 $[3.5699\cdots,4]$。

1.2 微分动力系统例

由微分方程描述的发展过程称为**微分动力系统**。

例 1.2 Logistic 方程（生态方程）

$$\frac{\mathrm{d}n}{\mathrm{d}t}=an-bn^2\ (a,b>0) \tag{1.5}$$

可视为生物界的繁殖方程，解得

$$n=\frac{n_0\mathrm{e}^{at}}{1-\frac{b}{a}n_0+\frac{b}{a}n_0\mathrm{e}^{at}},\lim_{t\to\infty}n=\frac{a}{b}$$

- **定常解**

$$an-bn^2=0\Rightarrow n_1=0,n_2=\frac{a}{b}$$

- **稳定性**

$$n_1=0:\ \frac{\mathrm{d}(n-n_1)}{\mathrm{d}t}=a(n-n_1)-b(n-n_1)^2\approx a(n-n_1)$$

解得

$$n=n_0\mathrm{e}^{at}$$

因为 $a>0$，所以上述解是不稳定的。

$$n_2=\frac{a}{b}:\ \frac{\mathrm{d}(n-n_2)}{\mathrm{d}t}\approx f(n_2)+\frac{\mathrm{d}f}{\mathrm{d}n}\Big|_{n_2}(n-n_2)=-a(n-n_2)$$

解得

$$n=n_2+(n_0-n_2)\mathrm{e}^{-at}$$

是稳定的。

一般来说，若微分动力系统为

$$\frac{\mathrm{d}x}{\mathrm{d}t}=f(x) \tag{1.6}$$

当 $f(\bar{x})=0$ 为定常解，则 $f'(\bar{x})>0$ 定常解为不稳定，$f'(\bar{x})<0$ 为稳定。

例 1.3 Landau 方程(湍流发展方程)

$$\frac{\mathrm{d}A}{\mathrm{d}t}=\sigma A-\frac{1}{2}l|A|^2A,\quad \sigma>0,l>0 \tag{1.7}$$

这里 A 为复振幅。对上式取共轭

$$\frac{\mathrm{d}\bar{A}}{\mathrm{d}t}=\sigma\bar{A}-\frac{1}{2}l|A|^2\bar{A},\quad \sigma>0,l>0 \tag{1.8}$$

将式(1.7) 乘$\bar{A}$、式(1.8)乘 A，然后相加，从而有

$$\frac{\mathrm{d}|A|^2}{\mathrm{d}t}=2\sigma|A|^2-l|A|^4$$

令 $x=|A|^2,2\sigma=a,l=b$，即得例 1.2 中的 Logistic 方程。

现在考虑 σ、l 可变号，即 a、b 可变号的情形。容易得到，方程的定常解

及相应导数为

$$x_1=0, f'(x_1)=a;\quad x_2=\frac{a}{b}, f'(x_2)=-a$$

图 1.3 显示了相应定常解的分岔现象。

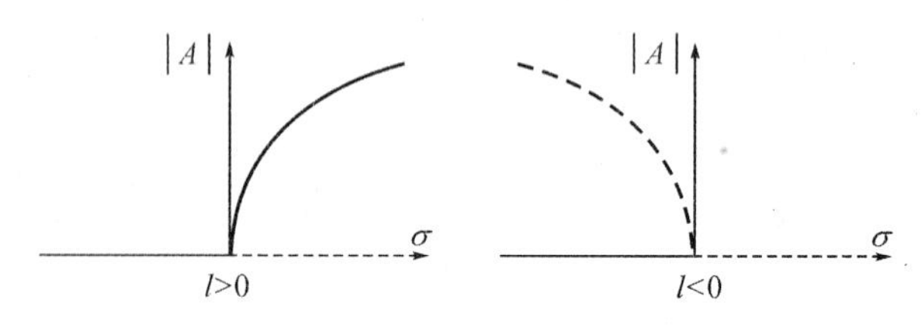

图 1.3　定常解的分岔

例 1.4　Lotka-Voltterra 方程(化学催化、大鱼吃小鱼)

这是二阶常微分方程组

$$\begin{cases}\dfrac{\mathrm{d}N_1}{\mathrm{d}t}=\alpha_1 N_1-\beta_1 N_1 N_2\\[2mm]\dfrac{\mathrm{d}N_2}{\mathrm{d}t}=-\alpha_2 N_2+\beta_2 N_1 N_2\end{cases},\quad \alpha_1,\ \alpha_2>0 \tag{1.9}$$

其定常解为零解和 $N_1^*=\dfrac{\alpha_2}{\beta_2}, N_2^*=\dfrac{\alpha_1}{\beta_1}$,共两组解。

考虑非零定常解的稳定性,设

$$N_i'=N_i-N_i^*, i=1,2$$

代入原方程并略去高阶量

$$\frac{\mathrm{d}}{\mathrm{d}t}\begin{Bmatrix}N'_1\\N'_2\end{Bmatrix}=\begin{bmatrix}0 & -\dfrac{\alpha_2\beta_1}{\beta_2}\\[2mm] \dfrac{\alpha_1\beta_2}{\beta_1} & 0\end{bmatrix}\begin{Bmatrix}N'_1\\N'_2\end{Bmatrix}$$

特征值为 $\lambda=\pm\sqrt{\alpha_1\alpha_2}\,\mathrm{i}$。当 $t=0: N'_1=A, N'_2=0$ 时

$$\begin{cases}N_1'=A\cos\omega_0 t\\ N_2'=A\omega_0\sin\omega_0 t\end{cases},\quad \omega_0=\sqrt{\alpha_1\alpha_2}$$

表示在(N_1^*, N_2^*)附近的一条闭合曲线(椭圆)。

其准确解可从下列方程得到

$$\frac{\mathrm{d}N_2}{\mathrm{d}N_1}=-\frac{\alpha_2 N_2\left(1-\dfrac{\beta_2}{\alpha_2}N_1\right)}{\alpha_1 N_1\left(1-\dfrac{\beta_1}{\alpha_1}N_2\right)}$$

1.3 非线性问题的主要特点

(1) 迭加原理不再成立。

(2) 解的唯一性破坏,对参数具有临界依赖性。

(3) 对称原因可以引起非对称的结果(屈曲、Karman 涡街)。

(4) 不可预测性(内在随机性、混沌)。

由于本课程内容主要是有限自由度力学系统中的非线性问题,所以研究对象限于常微分动力系统和差分动力系统。

习题

1.1 在例 1.1 中,讨论 $\lambda=1,3$ 时不动点的稳定性。

1.2 在例 1.1 中,证明:当 $3<\lambda<1+\sqrt{6}=3.449$ 时,周期为 2 的解是稳定的。

1.3 证明:若微分动力系统为

$$\frac{\mathrm{d}x}{\mathrm{d}t}=f(x)$$

当 $f(\bar{x})=0$ 为定态解,则 $f'(\bar{x})>0$ 为不稳定,$f'(\bar{x})<0$ 为稳定。与差分动力系统稳定性条件比较。

第2讲　相空间与轨线·解的稳定性

由法国数学家庞加莱(Poincare)开创的微分方程定性理论,不借助于对微分方程的求解,而是从微分方程本身的一些特点来推断解的某些性质(如周期性、稳定性等),成为研究非线性微分方程的重要手段。近年来,人们对微分方程某一解在初值或参数扰动下的稳定性(即 Lyapunov 稳定性)以及这种稳定性遭到破坏时所可能出现的混沌(chaos)现象引起了兴趣,关心在一定范围内解族的拓扑结构在微分方程的扰动下的稳定性(即结构稳定性),以及这种稳定性破坏后出现的分支(bifurcation)现象。

2.1　相空间

设一个运动质点 M 在时刻 t 的 n 维空间坐标为 $\boldsymbol{x}=[x_1,x_2,\cdots,x_n]^{\mathrm{T}}$,该点的速度为

$$\frac{\mathrm{d}\boldsymbol{x}}{\mathrm{d}t}=\boldsymbol{v}(t,\boldsymbol{x}),\boldsymbol{v}=[v_1,v_2,\cdots,v_n]^{\mathrm{T}} \tag{2.1}$$

如果速度只与坐标有关而与时刻无关,即 $\boldsymbol{v}=\boldsymbol{v}(\boldsymbol{x})$,称为**自治微分方程**。如果速度还与时刻有关,称为**非自治微分方程**。

如果式(2.1)满足微分方程解的存在唯一性条件,则任给初始条件 $\boldsymbol{x}(t_0)=\boldsymbol{x}_0$,其解是唯一确定的

$$\boldsymbol{x}=\boldsymbol{\varphi}(t,t_0,\boldsymbol{x}_0) \tag{2.2}$$

它描述了质点 M 在 t_0 时刻经过点 $\boldsymbol{x}_0$ 的运动。$\boldsymbol{x}$ 取值的空间 $\boldsymbol{R}^n$ 称为相空间,$(t,\boldsymbol{x})$取值的空间 $\boldsymbol{R}^1\times\boldsymbol{R}^n$ 称为增广相空间。方程(2.1) 定义了一个相空间上的**向量场**,而解(2.2)在增广相空间中的图象是一条通过$(t_0,\boldsymbol{x}_0)$且每个时刻其在相空间上投影与向量场相吻合(切)的光滑曲线(积分曲线)。

对于自治微分方程

$$\boldsymbol{v}=[v_1(x),v_2(x),\cdots,v_n(x)]^{\mathrm{T}} \tag{2.3}$$

给出了相空间 $\boldsymbol{R}^n$ 上的一个定常速度场；而解(2.2) 在相空间中给出一条与速度场(2.3) 处处相吻合(切)的曲线(轨线)，其中 t 是参数，且参数 t_0 对应轨线上的点 $\boldsymbol{x}_0$。随着时间的演变，质点坐标 $\boldsymbol{x}$ 在相空间中沿轨线变动，通常用箭头表示随时间增加的运动方向。

积分曲线是增广空间中的曲线；轨线是相空间中的曲线，它可视为积分曲线向相空间投影的结果。轨线有明确的力学意义：它是质点 M 在相空间中的运动轨迹。

如果 $\boldsymbol{x}_0$ 是速度场(2.3) 的零点，则 $\boldsymbol{x}_0$ 可视为一条退化的轨线，称为**平衡点**。由于平衡点附近的轨线可能出现各种奇怪的分布，通常又称其为**奇点**。如果解(2.2) 是一个非定常的周期运动，即存在 $T>0$，使得 $\boldsymbol{\varphi}(t+T,t_0,\boldsymbol{x}_0)=\boldsymbol{\varphi}(t,t_0,\boldsymbol{x}_0)$，则其在相空间中的轨线是一条闭曲线，称为**闭轨**。

例 2.1 设质点运动方程为

$$\begin{cases}\dfrac{\mathrm{d}x}{\mathrm{d}t}=-y+x(x^2+y^2-1)\\[2mm]\dfrac{\mathrm{d}y}{\mathrm{d}t}=x+y(x^2+y^2-1)\end{cases}$$

用极坐标表示为

$$\frac{\mathrm{d}r}{\mathrm{d}t}=r(r^2-1),\quad \frac{\mathrm{d}\theta}{\mathrm{d}t}=1$$

解得

$$r=\frac{1}{\sqrt{1-C_1\mathrm{e}^{2t}}},\quad \theta=t+C_2$$

设初值条件为 $r(0)=r_0$，$\theta(0)=\theta_0$，求得

$$C_1=\frac{r_0^2-1}{r_0^2},\quad C_2=\theta_0$$

这样根据初始位置的不同，有四种不同的轨线：

(1)$r_0=0$，则 $r\equiv0$ 为平衡点。

(2)$0<r_0<1$，相应轨线为 Γ:$r=1$ 内的非闭曲线，当 $t\to\infty$时，$r\to0$；当 $t\to-\infty$时，$r\to\Gamma$。

(3)$r_0=1$，相应轨线为闭轨 Γ。

(4)$r_0>1$，相应轨线为 Γ 外的非闭曲线，当 $t\to\infty$时，$r\to\infty$；当 $t\to-\infty$时，$r\to\Gamma$。

图 2.1 是相图，图 2.2 显示了两种不同的几何解释(增广相空间中的积

分曲线和相轨线)之间的联系。

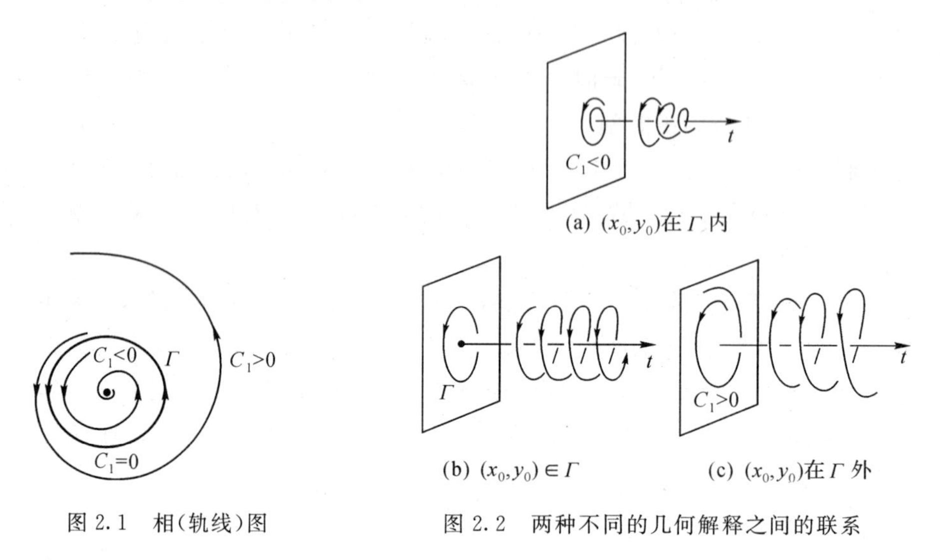

图 2.1　相(轨线)图

图 2.2　两种不同的几何解释之间的联系

2.2　动力系统的基本性质

当 $\boldsymbol{v}=\boldsymbol{v}(\boldsymbol{x})$时方程(2.1) 化为自治微分方程,称为(微分)**动力系统**,它具有下列性质:

(1) 积分曲线的平移不变性

若 $\boldsymbol{x}=\boldsymbol{\varphi}(t)$是式(2.1) 的一个积分曲线,则对任意常数 C,$\boldsymbol{x}=\boldsymbol{\varphi}(t+C)$也是式(2.1)的积分曲线;从几何上看(在增广空间中),曲线 $\boldsymbol{x}=\boldsymbol{\varphi}(t+C)$是$\boldsymbol{x}=\boldsymbol{\varphi}(t)$沿着 t 轴方向平移$-C$ 距离得到的。

(2) 过相空间每一点轨线是唯一的

过相空间中任一点,系统(2.1) 存在唯一的轨线经过此点。这个性质是方程解的存在唯一性的推论。由于速度场由坐标决定,所以轨线自身必不相交。

(3) 群的性质

系统(2.1) 的解 $\boldsymbol{x}=\boldsymbol{\varphi}(t,0,\boldsymbol{x}_0)=\boldsymbol{\varphi}(t,\boldsymbol{x}_0)$满足

$$\boldsymbol{\varphi}[t_2,\boldsymbol{\varphi}(t_1,\boldsymbol{x}_0)]=\boldsymbol{\varphi}(t_1+t_2,\boldsymbol{x}_0)$$

称为**群的性质**。这个性质意味着,给定一条轨线,则轨线上的任一点都可视

为该轨线的初始点。

注意：以上三条性质仅对自治系统成立，对于非自治系统并不成立。

2.3　稳定性

2.3.1　李雅普诺夫稳定性概念

通常讨论微分方程的解对初值连续依赖性时，是指对 t 在**有限闭区间**上取值；当 t 扩展到**无穷区间**上时，就不一定再有连续依赖性，这将导致解对初值的敏感依赖，甚至是混沌现象的出现。如果解对初值的连续依赖性扩展到无穷区间上仍成立，就是**李雅普诺夫（Lyapunov）稳定性**。显然李雅普诺夫稳定性的要求高于解对初值连续依赖性的要求。

定义 2.1（李雅普诺夫（Lyapunov）稳定性）

设

$$\frac{d\boldsymbol{x}}{dt}=\boldsymbol{f}(t,\boldsymbol{x}) \tag{2.4}$$

其中函数 $\boldsymbol{f}(t,\boldsymbol{x})$ 对 $\boldsymbol{x}\in \boldsymbol{G}\subset \boldsymbol{R}^n$ 和 $t\in(-\infty,\infty)$ 上连续。如果方程(2.4) 有一个解 $\boldsymbol{x}=\boldsymbol{\varphi}(t)$ 定义在 (t_0,∞) 上，并且对于 $\forall\varepsilon>0, t\geqslant t_0$，$\exists\delta(t,\varepsilon)>0$，使得只要

$$|\boldsymbol{x}_0-\boldsymbol{\varphi}(t_0)|<\delta(t,\varepsilon) \tag{2.5}$$

则对应的解满足

$$|\boldsymbol{x}(t,t_0,\boldsymbol{x}_0)-\boldsymbol{\varphi}(t)|<\varepsilon,\quad t\geqslant t_0 \tag{2.6}$$

称解 $\boldsymbol{x}=\boldsymbol{\varphi}(t)$（在 Lyapunov 意义下）是**稳定**的，否则是**不稳定**的。如果式(2.5)中的 $\delta(t,\varepsilon)$ 还与 t 无关，则称为**一致稳定**的。（请读者回忆一下数学分析中的一致连续和一致收敛的概念。）

更进一步，若解 $\boldsymbol{x}=\boldsymbol{\varphi}(t)$ 是一致稳定的，并且 $\exists\delta_1>0$，当

$$|\boldsymbol{x}_0-\boldsymbol{\varphi}(t_0)|<\delta_1 \tag{2.7}$$

时，

$$\lim_{t\to+\infty}[\boldsymbol{x}(t,t_0,\boldsymbol{x}_0)-\boldsymbol{\varphi}(t)]=0 \tag{2.8}$$

则称解 $\boldsymbol{x}=\boldsymbol{\varphi}(t)$（在 Lyapunov 意义下）是**渐近稳定**的。

如果将条件(2.7)改为：当 $\boldsymbol{x}_0\in D$ 时，式(2.8) 成立（假定 $\boldsymbol{\varphi}(t_0)\in D$），

则称 D 为解 $\boldsymbol{x}=\boldsymbol{\varphi}(t)$ 的**渐近稳定域**（或**吸引域**）。如果吸引域是全空间，则称解 $\boldsymbol{x}=\boldsymbol{\varphi}(t)$ 为全局**渐近稳定**的。

下面介绍判断方程解的李雅普诺夫稳定性的两种方法。

2.3.2 按线性化近似判断稳定性

考虑平衡点的稳定性。不失一般性，假设 $\boldsymbol{x}=0$ 就是其平衡点，即 $\boldsymbol{f}(t,0)=\boldsymbol{0}$。

将方程(2.4)右边在 $\boldsymbol{x}=\boldsymbol{0}$ 处展开，可得

$$\frac{\mathrm{d}\boldsymbol{x}}{\mathrm{d}t}=\boldsymbol{A}(t)\boldsymbol{x}+\boldsymbol{N}(t,\boldsymbol{x}) \tag{2.9}$$

这里 $\boldsymbol{N}(t,\boldsymbol{x})$ 是 $\boldsymbol{x}$ 的高阶部分，在区域 $G: t\geqslant t_0, |\boldsymbol{x}|\leqslant M$ 上连续。函数 $f(t,x)$ 满足李普希茨(Lipschitz)条件

$$|f(t,\boldsymbol{x}_1)-f(t,\boldsymbol{x}_2)|\leqslant C|\boldsymbol{x}_1-\boldsymbol{x}_2|, \forall \boldsymbol{x}_1,\boldsymbol{x}_2\in G, C=\mathrm{const}$$

及 $\boldsymbol{N}(t,\boldsymbol{0})=\boldsymbol{0}(t\geqslant t_0)$，并且 $\lim\limits_{|\boldsymbol{x}|\to 0}\dfrac{|\boldsymbol{N}(t,\boldsymbol{x})|}{|\boldsymbol{x}|}=0$（对 $t\geqslant t_0$ 一致成立）。可以预料，方程(2.4)的零解稳定性与其线性化方程

$$\frac{\mathrm{d}\boldsymbol{x}}{\mathrm{d}t}=\boldsymbol{A}(t)\boldsymbol{x} \tag{2.10}$$

的零解稳定性之间有密切关系。

例 2.2 $\dfrac{\mathrm{d}x}{\mathrm{d}t}=x(\mu-x^2), \mu>0$

解 $x_1=0, x_{2,3}=\pm\sqrt{\mu}$ 为平衡点，$f(x)=\mu-3x^2$。

当 $x=x_1, f'(x_1)=\mu$，从而其线性化方程

$$\frac{\mathrm{d}x}{\mathrm{d}t}=\mu x$$

所以 $x=0$ 为不稳定的平衡点。

当 $x=x_{2,3}$，容易通过简单的变量变换化为零解稳定性问题：设 $\bar{x}=x-x_{2,3}$，则对应的线性化方程为

$$\frac{\mathrm{d}\bar{x}}{\mathrm{d}t}=f'(x_{2,3})\bar{x}$$

其系数为 $f'(x_{2,3})=-2\mu<0$，从而 $x=\pm\sqrt{\mu}$ 为渐近稳定平衡点。

对于线性化方程(2.10)，当 $\boldsymbol{A}(t)$ 是常矩阵情形，则有下列定理可用以判断方程解的 Lyapunov 稳定性[2]。

定理 2.1　设线性方程(2.10)的系数阵是常矩阵,则

(1)零解是渐近稳定的充要条件是矩阵 $\boldsymbol{A}$ 的全部特征值具有负的实部;

(2)零解是稳定的充要条件是矩阵 $\boldsymbol{A}$ 的全部特征值具有非正的实部,并且实部为零的特征值所对应的若当块都是一阶的;

(3)零解是不稳定的充要条件是矩阵 $\boldsymbol{A}$ 的特征值中至少有一个实部为正的,或者至少有一个实部为零且所对应的若当块是高于一阶的。

定理2.1是关于线性方程(2.10)的,它的部分结果可以推广到非线性方程(2.9)上去。如果方程(2.10)是方程(2.9)的线性化方程,则有定理2.2。

定理 2.2　设方程(2.10)中的 $\boldsymbol{A}(t)$ 是常矩阵,并且 $\boldsymbol{A}$ 的全部特征值具有负的实部,则方程(2.9)的零解必定是渐近稳定的。

定理 2.3　设方程(2.10)中的 $\boldsymbol{A}(t)$ 是常矩阵,并且 $\boldsymbol{A}$ 的特征值中至少有一个具有正的实部,则方程(2.9)的零解必定是不稳定的。

可以看到,除定理2.1中特征值实部为零的情形外,所有定理2.1的结论均可推广到方程(2.9)。换言之,此时方程(2.9)和(2.10)解的稳定性是一致的。因为定理2.1中特征值实部为零是一种临界情形,所以增加高阶部分 $\boldsymbol{N}(t,\boldsymbol{x})$ 以后,可能变成稳定的,也可能变成不稳定的。另外应注意,平衡点附近的线性化方法得到的稳定性结论只能是局部的,而非全局的。

2.3.3　李雅普诺夫(Lyapunov)第二方法

以上的方法只适于 $\boldsymbol{A}(t)$ 是常矩阵情形,而且得到的稳定性只能是局部的;对于更一般的情形,则介绍下列的李雅普诺夫(Lyapunov)第二方法。

在这一节中,先考虑自治系统,而对非自治系统留待下节讨论。

例 2.3　判定方程

$$\begin{cases}\dfrac{\mathrm{d}x}{\mathrm{d}t}=-y+x(x^2+y^2-1)\\[2ex]\dfrac{\mathrm{d}y}{\mathrm{d}t}=x+y(x^2+y^2-1)\end{cases}\tag{2.11}$$

零解的稳定性。

解　例2.1中已通过求解判断出零解是渐近稳定的。现不求解来判断其是否是渐近稳定的。

把方程写成

$$\frac{\mathrm{d}x}{\mathrm{d}t}=f(x,y),\ \frac{\mathrm{d}y}{\mathrm{d}t}=g(x,y)$$

并设 $\Gamma: x=x(t), y=y(t)$ 是任一解(轨线)。

现设 $V=V(x,y)$ 是一连续可微函数,其在轨线 Γ 上的值及其(方向)导数为

$$V=V[x(t),y(t)]$$

$$\frac{\mathrm{d}V}{\mathrm{d}t}=\frac{\partial V}{\partial x}f(x,y)+\frac{\partial V}{\partial y}g(x,y)$$

对我们的问题来说,若取 $V(x,y)=\frac{1}{2}(x^2+y^2)$,则

$$\frac{\mathrm{d}V}{\mathrm{d}t}=[x^2(t)+y^2(t)][x^2(t)+y^2(t)-1]$$

所以当 $0<x^2+y^2<1$ 时,$\frac{\mathrm{d}V}{\mathrm{d}t}<0$。由此可以证明(见后文)

$$\lim_{t\to\infty}V(x(t),y(t))=0 \tag{2.12}$$

从而 $x(t)\to 0, y(t)\to 0$,即零解在 $0<x^2+y^2<1$ 中是渐近稳定的。

我们给出式(2.12)的几何解释。显然,函数 $V(x,y)$ 满足下列条件:

A. 当 $(x,y)\neq(0,0)$ 时,$V(x,y)>0$,且 $V(0,0)=0$。

B. 当 $0<x^2+y^2<1$ 时,$\frac{\mathrm{d}V}{\mathrm{d}t}=\frac{\partial V}{\partial x}f(x,y)+\frac{\partial V}{\partial y}g(x,y)<0$。

根据条件 A 和 B 可以断定方程(2.11)零解是渐近稳定的。

事实上,条件 A 蕴含了函数 $V(x,y)$ 的一个几何性质:对于任意 $C>0$,$V(x,y)=C$ 在相平面上投影是绕原点的一条闭曲线 $\gamma(C)$,并且当 $C_1\neq C_2$ 时 $\gamma(C_1)$ 和 $\gamma(C_2)$ 不相交,当 $C\to 0$ 时收缩到(0,0)点(见图 2.3);所以按条件 A 可将函数 $V(x,y)$ 视为点 (x,y) 到原点的距离。

现在证明(2.12)式。由条件 B 可知,当 $t\to+\infty$ 时,$V(x,y)$ 是单调下降的。若(2.12)式不成立,设

$$\lim_{t\to+\infty}V[x(t),y(t)]=C_0>0$$

考虑到 $V(x,y)$ 的连续性,不妨设 $C_0<\frac{1}{2}$,从而

$$\frac{\mathrm{d}V}{\mathrm{d}t}=[x^2(t)+y^2(t)][x^2(t)+y^2(t)-1]\to -2C_0(1-2C_0)<0$$

导致

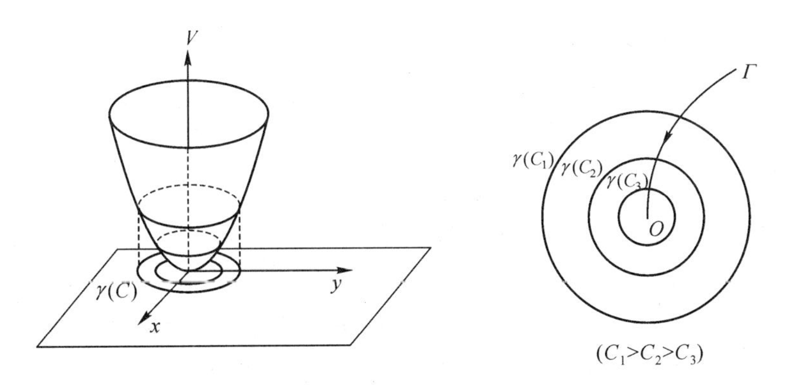

图 2.3　$V(x,y)$的几何意义

$$\lim_{t\to+\infty} V[x(t),y(t)]=-\infty$$

与条件 A 矛盾，说明式(2.12) 成立。

条件 B 表示在(0,0)点附近轨线 Γ 和等高线 $\gamma(C)$之间的关系是，沿轨线正向，函数 $V[x(t),y(t)]$的值是严格递减的，且

$$\lim_{t\to+\infty} V[x(t),y(t)]=0$$

这说明平衡点(0,0)是渐近稳定的。

一般来说，假设自治系统

$$\frac{\mathrm{d}\boldsymbol{x}}{\mathrm{d}t}=\boldsymbol{f}(\boldsymbol{x}),\boldsymbol{x}\in\mathbf{R}^n \tag{2.13}$$

满足初值问题解的存在唯一性条件，这里 $\boldsymbol{f}(\boldsymbol{x})=[f_1(\boldsymbol{x}),f_2(\boldsymbol{x}),\cdots,f_n(\boldsymbol{x})]^{\mathrm{T}}$。

定义 2.2(李雅普诺夫函数)

如果存在标量函数 $V(\boldsymbol{x})$，定义在区域 $|\boldsymbol{x}|\leqslant M$ 上，并有连续的偏导数，满足

$$V(0)=0;V(\boldsymbol{x})>0,\quad \boldsymbol{x}\neq 0$$

称 $V(\boldsymbol{x})$为**李雅普诺夫(Lyapunov)**函数，或称 V 为**正定函数**。

$V(\boldsymbol{x})$可以视为正定二次型函数的一个推广，它类似于度量函数，可以作为解与零点之间距离的一个度量。

下面先给出几组条件：

A. $\forall\, \boldsymbol{x}\neq 0,\dfrac{\mathrm{d}V}{\mathrm{d}t}=\nabla V\cdot \boldsymbol{f}(\boldsymbol{x})<0$。

B. $\dfrac{\mathrm{d}V}{\mathrm{d}t}\leqslant 0$。

C. $\exists\, \boldsymbol{x} \neq 0, \dfrac{\mathrm{d}V}{\mathrm{d}t} > 0$。

条件 A 表明，对于方程(2.13) 的解 $\boldsymbol{x}$ 来说，$V(\boldsymbol{x})$随时间的增加而严格减少。

下面不加证明给出李雅普诺夫稳定性判据。

定理 2.4(李雅普诺夫第二方法)

对于方程(2.13)，若存在李雅普诺夫函数 $V(\boldsymbol{x})$，则

(1)若条件 A 成立，则方程(2.13)的零解是渐近稳定的。

(2)若条件 B 成立，则方程(2.13)的零解是稳定的。

(3)若条件 C 成立，则方程(2.13)的零解是不稳定的。

作为不稳定性的判据，定理 2.4 的结论(3) 的条件过于苛刻。实际上当条件 C 成立时，方程(2.13)的零解是负向渐近稳定的，而不稳定性可用更弱的判据代替。

定理 2.4 给出了判别解稳定性的直接而简明的方法。尽管在很多情形下李雅普诺夫函数的存在性已被证明，但如何去求它却没有一般方法，这仍然是一个吸引人的研究课题。

例 2.4 对于常系数线性微分方程组

$$\frac{\mathrm{d}\boldsymbol{x}}{\mathrm{d}t} = \boldsymbol{A}\boldsymbol{x},\ \boldsymbol{A}^{\mathrm{T}} = \boldsymbol{A} \tag{2.14}$$

可选 $V(\boldsymbol{x}) = \boldsymbol{x}^{\mathrm{T}}\boldsymbol{x}$ 作为李雅普诺夫函数，则可从定理 2.1、定理 2.4 得到相应结果。

如果例 2.4 中 $\boldsymbol{A}^{\mathrm{T}} \neq \boldsymbol{A}$，为了判定解是否是渐近稳定的，则需要判定是否存在正定的 $\boldsymbol{B}$，定义 $V(\boldsymbol{x}) = \boldsymbol{x}^{\mathrm{T}}\boldsymbol{B}\boldsymbol{x}$ 使得

$$\frac{\mathrm{d}V}{\mathrm{d}t} = \boldsymbol{x}^{\mathrm{T}}(\boldsymbol{A}^{\mathrm{T}}\boldsymbol{B} + \boldsymbol{B}\boldsymbol{A})\boldsymbol{x} = -\boldsymbol{x}^{\mathrm{T}}\boldsymbol{x}$$

这里 $\boldsymbol{B}$ 满足 Lyapunov 方程

$$\boldsymbol{A}^{\mathrm{T}}\boldsymbol{B} + \boldsymbol{B}\boldsymbol{A} = -\boldsymbol{I} \tag{2.15}$$

所以问题化为方程(2.15)是否有对称正定解。将 $\boldsymbol{A}$ 化为若当标准形，容易证明，方程(2.15)有对称正定解的充要条件为 $\boldsymbol{A}$ 的所有特征值实部为负(见习题 2.8)。

对于力学问题来说，我们经常用能量函数作为李雅普诺夫函数，加上相应的变分原理，就可以研究稳定性问题。

例 2.5 考虑含立方非线性阻尼系统

$$\ddot{u}+c\dot{u}^3+u=0 \tag{2.16}$$

将方程写成

$$\frac{\mathrm{d}}{\mathrm{d}t}\begin{pmatrix}u_1\\u_2\end{pmatrix}=\begin{pmatrix}u_2\\-u_1-cu_2^3\end{pmatrix}=\begin{pmatrix}0&1\\-1&0\end{pmatrix}\begin{pmatrix}u_1\\u_2\end{pmatrix}+\begin{pmatrix}0\\-cu_2^3\end{pmatrix}$$

该系统有唯一的平衡点(0,0),它是一个中心。取李雅普诺夫函数为

$$V(u_1,u_2)=\frac{1}{2}u_1^2+\frac{1}{2}u_2^2$$

则

$$\dot{V}=u_1\dot{u}_1+u_2\dot{u}_2=(u_1+\dot{u}_2)u_2=-cu_2^4 \tag{2.17}$$

当 $c>0$ 时,系统是渐近稳定的;$c=0$ 时,系统是稳定的;$c<0$ 时,系统是不稳定的。

例 2.6(保守系统平衡点的稳定性)　如果理想、完整、定常的保守系统在某一位置其势能有严格极小值,则此位置必定是一个稳定平衡位置。

设 $\boldsymbol{x}=[x_1,x_2,\cdots,x_n]^{\mathrm{T}}$ 是系统的 n 个广义坐标,$\boldsymbol{y}=\dot{\boldsymbol{x}}$ 是 n 个广义速度,动能为 $T=T(\boldsymbol{x},\boldsymbol{y})$,势能为 $V=V(\boldsymbol{x})$;不失一般性,假定 $\boldsymbol{x}=\boldsymbol{0}$ 是使势能取严格极小值(不妨假定 $V(\boldsymbol{0})=0$)的平衡位置。这样,$T(\boldsymbol{x},\boldsymbol{y})$ 和 $V(\boldsymbol{x})$ 分别为变量 $\boldsymbol{x}$、$\boldsymbol{y}$ 的正定函数,从而机械能 $E(\boldsymbol{x},\boldsymbol{y})=V(\boldsymbol{x})+T(\boldsymbol{x},\boldsymbol{y})$ 是变量 $\boldsymbol{x}$、$\boldsymbol{y}$ 的正定函数,可以作为该系统的李雅普诺夫函数。由机械能守恒定律 $\frac{\mathrm{d}E}{\mathrm{d}t}=0$,则从定理 2.4(2)可得,零解是稳定的。

如果该系统改成耗散的,即 $\frac{\mathrm{d}E}{\mathrm{d}t}<0$, $\forall\,\boldsymbol{x}\neq\boldsymbol{0}$,则零解是渐近稳定的。

例 2.7　刚体绕定点转动的运动稳定性(Euler 情形中永久转动的稳定性)。

设定点为 O,空间的固定坐标系为 $O\xi\eta\varsigma$,而刚体的惯性主轴系为 $Oxyz$。刚体相对于 $O\xi\eta\varsigma$ 转动的角速度 ω 在主轴系上的分量为 $[\omega_x,\omega_y,\omega_z]^{\mathrm{T}}$,而 $O\varsigma$ 方向单位矢量在主轴系上的分量记为 $[\gamma_x,\gamma_y,\gamma_z]^{\mathrm{T}}$。动力学方程为

$$\begin{cases}A\dfrac{\mathrm{d}\omega_x}{\mathrm{d}t}+(C-B)\omega_y\omega_z=0\\[2ex]B\dfrac{\mathrm{d}\omega_y}{\mathrm{d}t}+(A-C)\omega_z\omega_x=0\\[2ex]C\dfrac{\mathrm{d}\omega_z}{\mathrm{d}t}+(B-A)\omega_x\omega_y=0\end{cases} \tag{2.18}$$

式中 A、B、C 分别是刚体绕三根惯性主轴的转动惯量；而运动学方程为

$$\begin{cases}\dfrac{\mathrm{d}\gamma_x}{\mathrm{d}t}=\omega_z\gamma_y-\omega_y\gamma_z\\ \dfrac{\mathrm{d}\gamma_y}{\mathrm{d}t}=\omega_x\gamma_z-\omega_z\gamma_x\\ \dfrac{\mathrm{d}\gamma_z}{\mathrm{d}t}=\omega_y\gamma_x-\omega_x\gamma_y\end{cases}\tag{2.19}$$

上述方程有三个明显的特解，称之为“永久转动”，即绕刚体的某根主轴均速转动：

(1) $\omega_x=\omega_x^0=\text{const},\omega_y=\omega_z=0$，并且转轴 Ox 在 $O\xi\eta\varsigma$ 中方向不变；

(2) $\omega_y=\omega_y^0=\text{const},\omega_z=\omega_x=0$，并且转轴 Oy 在 $O\xi\eta\varsigma$ 中方向不变；

(3) $\omega_z=\omega_z^0=\text{const},\omega_x=\omega_y=0$，并且转轴 Oz 在 $O\xi\eta\varsigma$ 中方向不变。

现在考虑第一种永久转动的稳定性。不失一般性，假定永久转动的轴线和轴 $O\varsigma$ 重合，即

$$\omega_x=\Omega=\text{const},\omega_y=\omega_z=0$$

$$\gamma_x=1,\gamma_y=\gamma_z=0$$

受到扰动后，有

$$\omega_x=\Omega+x_1,\ \omega_y=x_2,\ \omega_z=x_3$$

$$\gamma_x=1+x_4,\ \gamma_y=x_5,\ \gamma_z=x_6$$

这里 x_1、x_2、x_3、x_4、x_5、x_6 是偏差变量，代入方程(2.18)和方程(2.19)可得

$$\begin{cases}\dfrac{\mathrm{d}x_1}{\mathrm{d}t}=\dfrac{B-C}{A}x_2x_3,\ \dfrac{\mathrm{d}x_2}{\mathrm{d}t}=\dfrac{C-A}{B}x_3(x_1+\Omega),\\ \dfrac{\mathrm{d}x_3}{\mathrm{d}t}=\dfrac{A-B}{C}x_2(x_1+\Omega),\ \dfrac{\mathrm{d}x_4}{\mathrm{d}t}=x_3x_5-x_2x_6,\\ \dfrac{\mathrm{d}x_5}{\mathrm{d}t}=(x_1+\Omega)x_6-x_3(1+x_4),\ \dfrac{\mathrm{d}x_6}{\mathrm{d}t}=x_2(1+x_4)-(x_1+\Omega)x_5\end{cases}\tag{2.20}$$

方程(2.20)有 3 个首次积分：

(1)能量积分：$V_1=Ax_1^2+Bx_2^2+Cx_3^2+2A\Omega x_1=\text{const}$

(2)动量矩模守恒：$V_2=A^2x_1^2+B^2x_2^2+C^2x_3^2+2A^2\Omega x_1=\text{const}$

(3)动量矩在 $O\xi$ 上投影不变：$V_3=A(\Omega+x_1)(1+x_4)+Bx_2x_5+Cx_3x_6=\text{const}$

加上一个由几何关系 $\gamma_x^2+\gamma_y^2+\gamma_z^2=1$ 导出的

$$V_4 = x_4^2 + x_5^2 + x_6^2 + 2x_4 = 0 \tag{2.21}$$

组成一个新的首次积分

$$\begin{aligned} V &= V_1^2 + V_2 - 2A\Omega V_3 + A^2\Omega^2 V_4 + 2A^2\Omega^2 \\ &= A^2(x_1 - \Omega x_4)^2 + (Bx_2 - A\Omega x_5)^2 + (Cx_3 - A\Omega x_6)^2 \\ &\quad + (Ax_1^2 + Bx_2^2 + Cx_3^2 + 2A\Omega x_1)^2 = \text{const} \end{aligned} \tag{2.22}$$

显然 $V \geqslant 0$。现在考虑 $V=0$ 的情形。从式(2.22)前三项可以得到

$$x_1 = \Omega x_4,\ x_2 = \frac{A\Omega x_5}{B},\ x_3 = \frac{A\Omega x_6}{C} \tag{2.23}$$

代入式(2.22)并考虑到式(2.21)

$$V = A^2\Omega^4\left[\left(\frac{A}{B}-1\right)x_5^2 + \left(\frac{A}{C}-1\right)x_6^2\right]^2 \tag{2.24}$$

如果

$$(A-B)(A-C) > 0 \tag{2.25}$$

则式(2.24)中方括号内两系数同号，从而由 $V=0$ 可得 $x_5 = x_6 = 0$，代入式(2.23)得 $x_2 = x_3 = 0$。将上面各式代入(2.21)可得 $x_4^2 + 2x_4 = 0$，解得 $x_4 = 0$ 或 $x_4 = -2$，再代入式(2.23)得 $x_1 = 0$ 或 $x_1 = -2\Omega$。由于我们只关心 $x_1 = x_2 = x_3 = x_4 = x_5 = x_6 = 0$ 附近函数 V 的性态，由上面讨论可知，V 是正定函数，可以作为该系统的李雅普诺夫函数；考虑到 V 又是方程(2.18)的首次积分，即满足 $\dot{V}=0$，由定理 2.4(2)可得，在条件(2.25)下永久转动解是稳定的。

条件(2.25)表明，在三个转动惯量中，沿 Ox 轴的转动惯量为最大或最小。当 $(A-B)(A-C)<0$ 时，可以证明永久转动解是不稳定的。

2.3.4　李雅普诺夫(Lyapunov)第二方法(续)

现在考虑非自治系统。假设

$$\frac{\mathrm{d}\boldsymbol{x}}{\mathrm{d}t} = \boldsymbol{f}(t,\boldsymbol{x}),\ \boldsymbol{x} \in \mathbf{R}^n \tag{2.26}$$

满足初值问题解的存在唯一性条件，这里 $\boldsymbol{f}(t,\boldsymbol{x}) = [f_1(t,\boldsymbol{x}), f_2(t,\boldsymbol{x}), \cdots, f_n(t,\boldsymbol{x})]^{\mathrm{T}}$。记 $\boldsymbol{x}_s \in \mathbf{R}^n$ 是该系统的一个孤立平衡点，满足

$$\boldsymbol{f}(t,\boldsymbol{x}_s) = 0 \tag{2.27}$$

我们可以通过简单变换 $\boldsymbol{y} = \boldsymbol{x} - \boldsymbol{x}_s$ 把平衡点 $\boldsymbol{x}_s \in \mathbf{R}^n$ 的稳定性问题化为零解的稳定性问题。不失一般性，以下假定 $\boldsymbol{x} = \boldsymbol{0}$ 是方程(2.27)的孤立平衡点。

定义 2.3 若存在标量函数 $V(t,\boldsymbol{x})$(**李雅普诺夫函数**)，定义在区域 $|\boldsymbol{x}|\leqslant M$ 上，并有连续的偏导数，且满足 $\forall\varepsilon>0, t>t_0$，$\exists\delta>0$，当 $|\boldsymbol{x}|<\delta\Rightarrow|V(t,\boldsymbol{x})|<\varepsilon$。如果在 $t>t_0$ 上恒有 $V(t,\boldsymbol{x})\geqslant 0$(或 $V(t,\boldsymbol{x})\leqslant 0$)，称为**正常号函数**(**或负常号函数**)。

更进一步，若存在一个与时间 t 无关的正定函数 $W(\boldsymbol{x})$，使得 $V\geqslant W$，则 $V(t,\boldsymbol{x})$ 称为**定正函数**；若 $V\leqslant -W$，则 $V(t,\boldsymbol{x})$ 称为**定负函数**。

如果正常号函数 V 与时间 t 无关并且是正定函数，则这时的正常号函数就是定正函数，因为只需取 $W=\dfrac{1}{2}V$ 就符合上述定正函数的要求。和自治系统(2.13)的正定函数相比，非自治系统的定正函数不仅仅要正的，而且需要大于或等于一个正定函数(即需有一个正定函数“垫底”)。

这样我们可以把定理 2.4 的结果推广到非自治系统上来：

定理 2.5 对于方程(2.26)，若存在定正函数 $V(t,\boldsymbol{x})$，则

(1)若 $\dfrac{\mathrm{d}V}{\mathrm{d}t}=\dfrac{\partial V}{\partial t}+\nabla V\cdot\boldsymbol{f}(t,\boldsymbol{x})<0$, $\forall\,\boldsymbol{x}\neq\boldsymbol{0}$，则方程(2.26)的零解是渐近稳定的。

(2)若 $\dfrac{\mathrm{d}V}{\mathrm{d}t}=\dfrac{\partial V}{\partial t}+\nabla V\cdot\boldsymbol{f}(t,\boldsymbol{x})\leqslant 0$, $\forall\,\boldsymbol{x}\neq\boldsymbol{0}$，则方程(2.26)的零解是稳定的。

(3)若 $\dfrac{\mathrm{d}V}{\mathrm{d}t}=\dfrac{\partial V}{\partial t}+\nabla V\cdot\boldsymbol{f}(t,\boldsymbol{x})>0$, $\forall\,\boldsymbol{x}\neq\boldsymbol{0}$，则方程(2.26)的零解是不稳定的。

和定理 2.4 比较，由于出现了 $\dfrac{\partial V}{\partial t}$ 项，所以定理条件需要把正定函数的要求改为定正函数的要求。

例 2.8 考虑参数激励的线性系统

$$\begin{pmatrix}\dot{u}_1\\ \dot{u}_2\end{pmatrix}=\begin{pmatrix}-(1+\sin^2 t) & 1-\sin t\cos t\\ -(1+\sin t\cos t) & -(1+\cos^2 t)\end{pmatrix}\begin{pmatrix}u_1\\ u_2\end{pmatrix}$$

的零解稳定性。

取

$$V=u_1^2+u_2^2$$

为上述方程的定正函数，则

$$\dot{V}=2(u_1\dot{u}_1+u_2\dot{u}_2)$$

$$=-2(u_1^2+u_2^2)-2(u_1\sin t+u_2\cos t)^2\leqslant 0$$

且最后的等号当且仅当 $u_1=u_2=0$ 时成立，由定理 2.4 (1) 可知，零解是渐近稳定的。

对于非自治系统，一般不能通过零解附近线性化来给出稳定性。如

$$\dot{u}=\frac{u}{t+1}-u^3,u(t_0)=u_0 \tag{2.28}$$

这是 Bernoulli 型一阶微分方程，其准确解为

$$u(t)=\frac{u_0(t+1)}{\sqrt{(t_0+1)^2+\frac{2}{3}u_0^2[(t+1)^3-(t_0+1)^3]}},\quad -1<t_0<t$$

很明显，当 $t\to+\infty$ 时 $u(t)\to 0$，即零解是渐近稳定的。但对其线性化方程

$$\dot{u}=\frac{u}{t+1},\quad u(t_0)=u_0$$

来说，具有不稳定解

$$u(t)=u_0\frac{t+1}{t_0+1}$$

习题

2.1 举例说明，2.2 节中动力系统的三条基本性质只对自治系统成立，对非自治系统可以不成立。

2.2 证明定理 2.1。

2.3 设 x 和 t 都是标量，试求出方程 $\frac{\mathrm{d}x}{\mathrm{d}t}=a(t)x$ 的零解为稳定或渐近稳定的充要条件。

2.4 给出比定理 2.4(3) 更一般的不稳定性判据。

2.5 设 $x\in\mathbf{R}$，函数 $g(x)$ 连续，且当 $x\neq 0$，$xg(x)>0$。试证：方程 $\ddot{x}+g(x)=0$ 的零解是稳定的，但不是渐近稳定的。

2.6 讨论下列方程零解的稳定性：

(1) $\dot{x}=-y-xy^2,\dot{y}=x-x^4y$；

(2) $\dot{x}=-y^3-x^5,\dot{y}=x^3-y^5$；

(3) $\dot{x}=-x+2x(x+y)^2,\dot{y}=-y^3+2y^3(x+y)^2$；

(4) $\dot{x}=2x^2y+y^3,\dot{y}=-xy^2+2x^5$。

2.7 证明：二维线性差分方程组

$$\begin{Bmatrix} x_{n+1} \\ y_{n+1} \end{Bmatrix} = \boldsymbol{A} \begin{Bmatrix} x_n \\ y_n \end{Bmatrix}, \boldsymbol{A} = \begin{pmatrix} a_{11} & a_{12} \\ a_{21} & a_{22} \end{pmatrix}$$

其零解为稳定的充分必要条件：设 **A** 的特征值为 λ_1、λ_2，

(1)$\lambda_1 \neq \lambda_2$，则 $|\lambda_1| \leqslant 1$，$|\lambda_2| \leqslant 1$；

(2)$\lambda_1 = \lambda_2$，则 $|\lambda_1| = |\lambda_2| < 1$。

这里 λ_1、λ_2 称为 **Floquet 乘子。**

2.8 证明方程(2.15)有对称正定解的充要条件为 **A** 的所有特征值实部为负。

第3讲　平面上的动力系统·奇点与极限环

本讲讨论平面上(自治)动力系统

$$\frac{\mathrm{d}x}{\mathrm{d}t}=X(x,y),\frac{\mathrm{d}y}{\mathrm{d}t}=Y(x,y) \tag{3.1}$$

满足初值问题解的存在性、唯一性条件。

平面的特性(特别是若以任一封闭曲线把平面分成两部分,连接这两部分的任意点的连续路径必定与曲线相交这一特性,三维空间没有这一特性)使得平面动力系统的轨线分布比较简单。

系统(3.1) 可写成

$$\frac{\mathrm{d}y}{\mathrm{d}x}=\frac{Y(x,y)}{X(x,y)} \tag{3.2}$$

系统(3.1)的奇点就是前面定义过的平衡点($X(x,y)=Y(x,y)=0$)。当(3.2)的积分曲线不含奇点时,它是(3.1)的轨线;当它跨越奇点时,被奇点分割的每一个连通分支都是(3.1)的一条独立的轨线。相平面上不是奇点的点称为常点,可以证明,常点附近的轨线结构是平凡的,即它同胚于一个平行直线族(这里同胚的意思是存在一个1—1的连续变换,把(3.1)的轨线变成平行直线族,见本讲附录)。从而,在研究相图的局部结构时,困难集中在奇点附近;而在研究相图的整体结构时,闭轨(极限环)和分型线将起重要作用。下面我们来研究奇点和极限环的分类。

3.1　初等奇点

3.1.1　以点(0,0)为奇点的线性系统

$$\frac{\mathrm{d}}{\mathrm{d}t}\begin{pmatrix}x\\y\end{pmatrix}=\boldsymbol{A}\begin{pmatrix}x\\y\end{pmatrix} \tag{3.3}$$

其中 $\boldsymbol{A}$ 为常实矩阵。当 $\det\boldsymbol{A}\neq 0$ 时，称(0,0)为**初等奇点**，否则称为**高阶奇点**。初等奇点都是孤立奇点(无穷小邻域内没有其他的奇点)。

作线性变换

$$\begin{pmatrix} x \\ y \end{pmatrix} = \boldsymbol{T}\begin{pmatrix} \xi \\ \eta \end{pmatrix}$$

则方程(3.3)化成

$$\frac{\mathrm{d}}{\mathrm{d}t}\begin{pmatrix} \xi \\ \eta \end{pmatrix} = \boldsymbol{T}^{-1}\boldsymbol{A}\boldsymbol{T}\begin{pmatrix} \xi \\ \eta \end{pmatrix}$$

假定 $\boldsymbol{T}^{-1}\boldsymbol{A}\boldsymbol{T}$ 已是若当标准型，并具有下列形式之一：

$$\begin{pmatrix} \lambda & 0 \\ 0 & \mu \end{pmatrix},\quad \begin{pmatrix} \lambda & 0 \\ 1 & \lambda \end{pmatrix},\quad \begin{pmatrix} \alpha & -\beta \\ \beta & \alpha \end{pmatrix}$$

这里 λ、μ、β 均为非零实数，α 为实数。

下面不妨假定(3.3)中的 $\boldsymbol{A}$ 已是若当标准型。

1. $\boldsymbol{A}=\begin{pmatrix} \lambda & 0 \\ 0 & \mu \end{pmatrix}$，$\lambda\mu\neq 0$

这时轨线为

$$y=C|x|^{\frac{\mu}{\lambda}},\ x\neq 0 \tag{3.4}$$

(1) $\lambda=\mu$

过(0,0)的直线束被奇点分割的每条射线都是系统(3.3)的轨线。当 $\lambda<0$ 时，沿每根轨线 $\lim\limits_{t\to+\infty}(x(t),y(t))=(0,0)$，从而是渐近稳定的；当 $\lambda>0$ 时，则情形相反，故奇点(0,0)是不稳定的。在这两种情形下，奇点(0,0)称为**星形结点**(或**临界结点**)。图 3.1 给出了稳定或不稳定星形结点的相图。

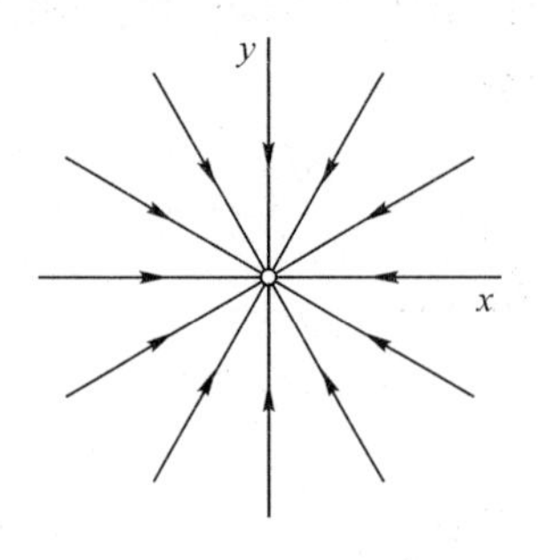

稳定的星形结点($\lambda<0$)

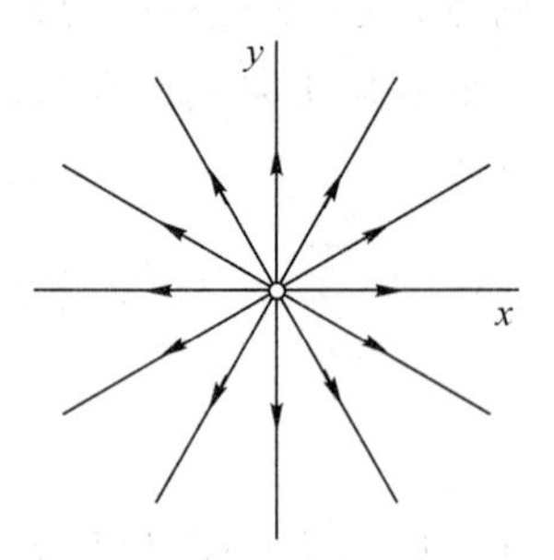

不稳定的星形结点($\lambda>0$)

图 3.1 星形结点

(2)$\lambda \neq \mu, \lambda\mu > 0$

这种情形即矩阵 **A** 有两个同号但不相同的特征值。当 $\lambda < 0$ 时，沿每根轨线 $\lim\limits_{t \to +\infty}[x(t), y(t)] = (0,0)$，从而是渐近稳定的；当 $\lambda > 0$ 时，则情形相反，故奇点(0,0)是不稳定的。由于所有轨线都是沿两个方向进入(或离开)奇点，所以称为**两向结点**(或简称结点)。图 3.2 给出了稳定或不稳定的两向结点的相图。

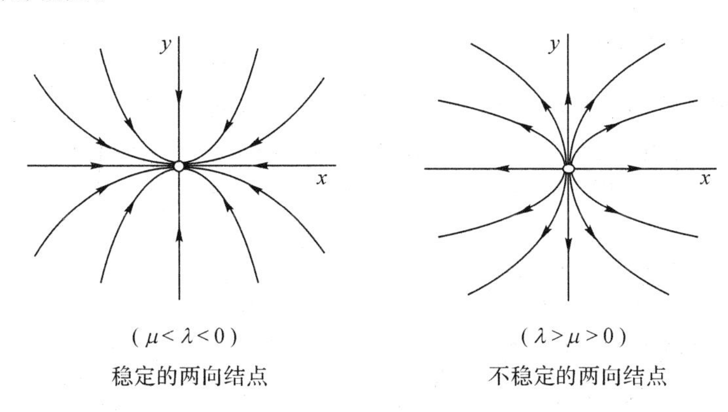

($\mu < \lambda < 0$)
稳定的两向结点

($\lambda > \mu > 0$)
不稳定的两向结点

图 3.2 两向结点

(3)$\lambda\mu < 0$

此情形即矩阵 **A** 有两个异号的特征值。这时轨线族除直线 $x=0$、$y=0$ 外，是一个以它们为渐近线的双曲线族。奇点(0,0)是不稳定的，这种奇点称为**鞍点**。图 3.3 给出了鞍点的两种情形的相图。

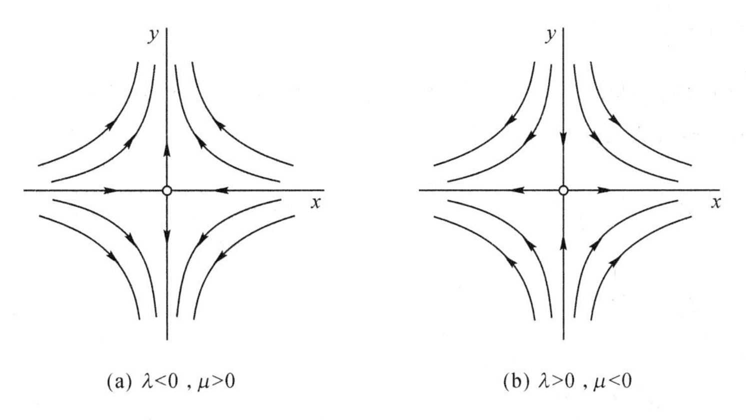

(a) $\lambda<0$, $\mu>0$

(b) $\lambda>0$, $\mu<0$

图 3.3 鞍点

2. $\mathbf{A}=\begin{pmatrix}\lambda & 0\\ 1 & \lambda\end{pmatrix},\lambda\neq 0$

这种情形即矩阵对应的是二阶若当块，方程的轨线为

$$y=Cx+\frac{x}{\lambda}\ln|x| \tag{3.5}$$

不难得到

$$\lim_{x\to 0}y=0,\quad \lim_{x\to 0}\frac{\mathrm{d}y}{\mathrm{d}x}=\begin{cases}+\infty,\lambda<0\\ -\infty,\lambda>0\end{cases}$$

因此解族(3.5)中每条曲线都在原点与 y 轴相切，称(0,0)为系统的单向结点(或退化结点)。图 3.4 给出了稳定或不稳定单向结点的相图。

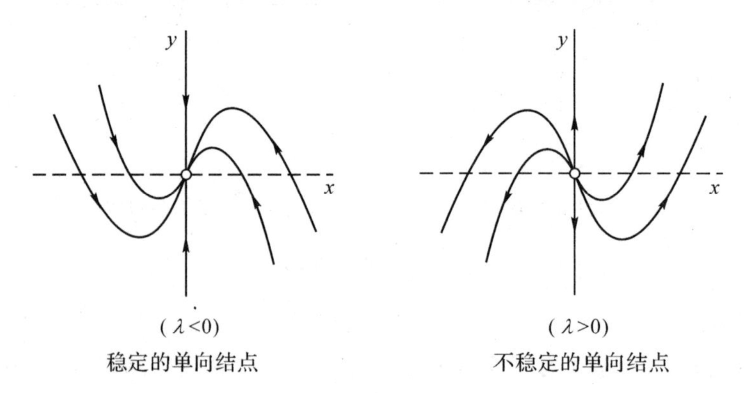

图 3.4　单向结点

3. $\mathbf{A}=\begin{pmatrix}\alpha & -\beta\\ \beta & \alpha\end{pmatrix},\beta\neq 0$

这种情形即矩阵有一对共轭的复特征值 $\alpha\pm \mathrm{i}\beta$。取极坐标 $x=r\cos\theta$、$y=r\sin\theta$，则方程(3.3)化为

$$\frac{\mathrm{d}r}{\mathrm{d}t}=\alpha r,\quad \frac{\mathrm{d}\theta}{\mathrm{d}t}=\beta \tag{3.6}$$

其解为

$$r=C_1\mathrm{e}^{\alpha t},\quad \theta=\beta t+\theta_0 \tag{3.7}$$

其轨线族为

$$r=C\exp\left(\frac{\alpha}{\beta}\theta\right),\quad C\geqslant 0 \tag{3.8}$$

当 $C>0$ 时，轨线不经过(0,0)，它是绕奇点的螺旋线(族)：当 $\beta>0$ 时为逆时针方向旋转；当 $\beta<0$ 时为顺时针方向旋转。当 $\beta>0$ 且 $\alpha<0$ 时，$\lim\limits_{t\to+\infty}r$

$=0$，即趋向奇点，所以是渐近稳定的，称为**稳定焦点(吸引子)**；当 $\beta>0$ 且 $\alpha>0$ 时，$\lim\limits_{t\to-\infty} r=0$，即离开奇点，所以是负向渐近稳定的，称为**不稳定焦点(排斥子)**。当 $\alpha=0$ 时轨线成同心圆，所以是稳定的(但不是渐近稳定的)，称为**中心点**。图 3.5 给出了稳定或不稳定的焦点及中心点的相图。

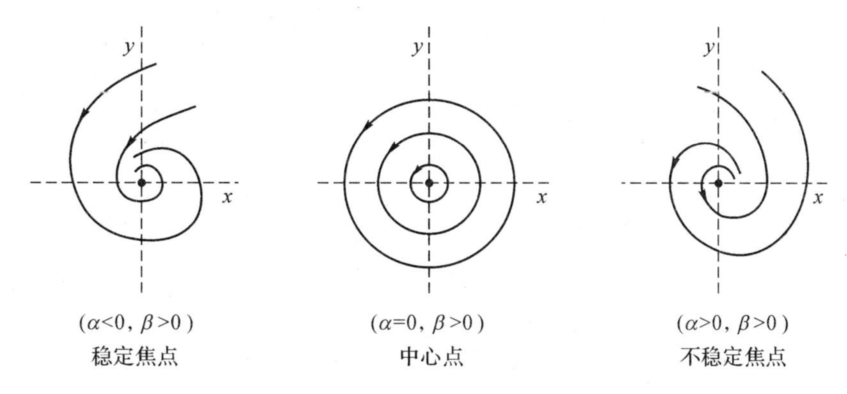

图 3.5　焦点和中心点

上述讨论只涉及矩阵 **A** 的特征值的性质，也就是由下列的特征方程根的性质决定

$$\det(\boldsymbol{A}-\lambda\boldsymbol{I})=\lambda^2+p\lambda+q=0$$

式中

$$p=-\mathrm{tr}\boldsymbol{A},\quad q=\det\boldsymbol{A}$$

将二阶矩阵特征值分析和上述奇点类型的讨论结合，可得下列定理：

定理 3.1　(初等奇点类型的判定)对于系统(3.3)，记

$$p=-\mathrm{tr}\boldsymbol{A},\quad q=\det\boldsymbol{A}$$

则

(1)当 $q<0$ 时，$(0,0)$为鞍点(S)。

(2)当 $q>0$ 且 $p^2>4q$ 时，$(0,0)$为两向结点：$p>0$ 是稳定的(N_1)，$p<0$ 是不稳定的(N_2)。

(3)当 $q>0$ 且 $p^2=4q$ 时，$(0,0)$为单向结点或星形结点：$p>0$ 是稳定的(M_1)，$p<0$ 是不稳定的(M_2)。注意，只有在这种重特征值情形下需进一步区分矩阵 **A** 是否是退化的，即若当块是否高于一阶。

(4)当 $q>0$ 且 $0<p^2<4q$ 时，$(0,0)$为焦点：$p>0$ 是稳定的(F_1)，$p<0$ 是不稳定的(F_2)。

(5)当 $q>0$ 且 $p=0$ 时，$(0,0)$为中心点(C)。

图 3.6 概括了定理 3.1 的结果:(p,q)平面被正 q 轴、p 轴和抛物线 $p^2-4q=0$ 分成 9 个区域,每个区域对应上述一种情形。H 对应高阶奇点。这 9 个区域可以分为两类:第一类是由平面上的开区域 F_1、F_2、$=N_1$、N_2、S 组成;第二类则由各种曲线 M_1、M_2、C、H 构成。图 3.6 给出了奇点类型的相图。由于 p、q 是 $\boldsymbol{A}$ 中元素的连续函数,所以当 $\boldsymbol{A}$ 变化足够小时,第一类区域中的点仍保持在各自区域中,换言之,奇点的类型保持不变。但对第二类区域却不然,无论 $\boldsymbol{A}$ 变化多么小,它都可能改变奇点的类型。

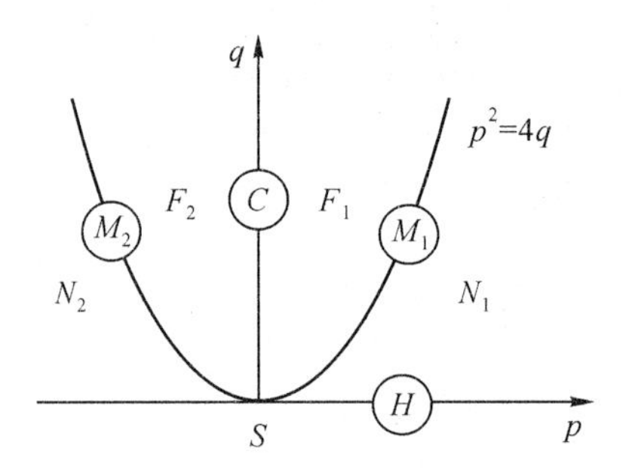

图 3.6 奇点的类型

当系统(3.3)中的 $\boldsymbol{A}$ 不是若当标准型时,可以先用代数方法化为标准型,然后将对应的标准型相图(图 3.1～图 3.5)通过逆变换 $\boldsymbol{T}^{-1}$ 得到所需的相图。但另一方面,由于变换 $\boldsymbol{T}$ 是可逆的,则对应的相图变换是线性变换,从而具有下列性质:

(1) 如果过奇点的一条直线是轨线,则在线性变换下仍保持为直线。由于线性变换是可逆的,所以过奇点的直轨线个数是不变的,譬如单向结点、两向结点和鞍点、星形结点分别具有一条、两条和无穷多条直轨线。这些特殊的直轨线在绘制相图时是很有用的。

(2) 轨线对原点的对称性在线性变换下是不变的。

利用上述性质,可以不必先化为标准型,而直接画出所需的相图。

例 3.1 作出系统$\dfrac{\mathrm{d}x}{\mathrm{d}t}=2x+3y$、$\dfrac{\mathrm{d}y}{\mathrm{d}t}=2x-3y$,在(0,0)附近的相图。

解 $q=\begin{vmatrix}2 & 3\\ 2 & -3\end{vmatrix}<0$,所以(0,0)是鞍点,从而先计算渐近线是很有用的。

设 $y=kx$ 是(直线)轨线(同时亦为其他轨线的**渐近线**),则由方程

$$k=\frac{\mathrm{d}y}{\mathrm{d}x}=\frac{2-3k}{2+3k}\Rightarrow k_1=\frac{1}{3},k_2=-2$$

由此容易画出(0,0)附近的相图(见图3.7),再按前面讨论,可以确定轨线方向。

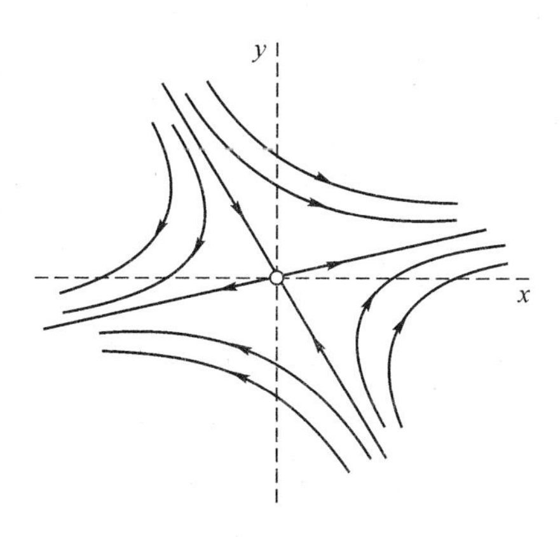

图3.7 例3.1的鞍点

3.1.2 以点(0,0)为奇点的非线性系统

设已将方程右端函数分解成线性部分与高次项之和

$$\frac{\mathrm{d}x}{\mathrm{d}t}=ax+by+\varphi(x,y),\ \frac{\mathrm{d}y}{\mathrm{d}t}=cx+\mathrm{d}y+\psi(x,y) \tag{3.9}$$

在什么条件下,它与对应的线性方程组

$$\frac{\mathrm{d}x}{\mathrm{d}t}=ax+by,\ \frac{\mathrm{d}y}{\mathrm{d}t}=cx+\mathrm{d}y \tag{3.10}$$

在相平面上(0,0)点附近具有相同的定性结构?

这里所说的“相同定性结构”是指(0,0)点附近两者的相图是同胚的,即奇点的分类和稳定性相同。

记下列条件

A. $\varphi(x,y),\psi(x,y)=o(r)$,当 $r\to0$;

B. $\varphi(x,y),\psi(x,y)=o(r^{1+\varepsilon})$,当 $r\to0$,这里 ε 是任意小的正数;

C. $\varphi(x,y),\psi(x,y)$ 在原点一个小邻域内对 x,y 连续可微;

成立,这样我们有下列定理(证明略):

定理3.2 系统(3.10)以(0,0)为初等奇点,则

(1) 如果(0,0)是系统(3.10)的焦点且条件 A 成立,则(0,0)也是系统(3.9)的焦点,并且它们的稳定性也相同。

(2) 如果(0,0)是系统(3.10)的鞍点或两向结点且条件 A、C 成立,则(0,0)也分别是系统(3.9) 的鞍点或两向结点,并且它们的稳定性也相同。

(3) 如果(0,0)是系统(3.10)的单向结点且条件 B 成立,则(0,0)也是系统(3.9)单向结点,并且它们的稳定性也相同。

(4) 如果(0,0)是系统(3.10)的星形结点且条件 B、C 成立,则(0,0)也是系统(3.9) 的星形结点,并且它们的稳定性也相同。

总之,在上述条件下,我们称系统(3.9)和系统(3.10)在(0,0)附近有相同的**定性结构**。

注意:系统(3.10) 的轨线结构是全局性的,而与此近似的系统(3.9)的轨线结构性质只在(0,0)附近,所以是局部的。

例 3.2 $\begin{cases}\dot{x}=-y\pm x(x^2+y^2)=F(x,y)\\ \dot{y}=x\pm y(x^2+y^2)=G(x,y)\end{cases}$

解 其平衡点为 $x=y=0$,线性化后为 $\dot{x}=-y$,$\dot{y}=x$。其特征值 $s_{1,2}=\pm\mathrm{i}$,为中心。现在求解原方程,容易得到

$$x\dot{x}+y\dot{y}=\pm(x^2+y^2)^2,\ x\dot{y}-y\dot{x}=x^2+y^2$$

作变量代换:$x=r\cos\theta$,$y=r\sin\theta$,则上述方程为

$$\dot{r}=\pm r^3,\ \dot{\theta}=1$$

因为 $$\dot{r}=\frac{\mathrm{d}r}{\mathrm{d}\theta}\frac{\mathrm{d}\theta}{\mathrm{d}t}=\frac{\mathrm{d}r}{\mathrm{d}t}$$

所以 $$\frac{\mathrm{d}r}{\mathrm{d}\theta}=\pm r^3\Rightarrow r^2=\mp\frac{1}{2\theta}$$

从而 $r=0$ 是一稳定焦点。

这个例子表明,尽管方程满足条件 A、B、C,但解的定性却改变了(中心变成焦点)。

下面两段将上述结果应用到保守和非保守的力学系统上去。

3.1.3 保守系统

考虑下面的保守系统

$$\ddot{x}+f(x)=0 \tag{3.11}$$

写成一阶的形式

$$\begin{cases}\dot{x}=y\\ \dot{y}=-f(x)\end{cases} \tag{3.12}$$

其平衡点为$(x_i,0)$，$i=1,2,\cdots,r$，这里假定有 r 个平衡点，且 $f(x_i)=0$。将方程(3.12) 右端在平衡点$(x_i,0)$附近展开

$$\begin{cases}\dot{\bar{x}}=\bar{y}\\ \dot{\bar{y}}=-f'(x_i)\bar{x}\end{cases},\qquad \text{这里 } \bar{x}=x-x_i,\ \bar{y}=y$$

其特征方程为

$$\det\begin{pmatrix}\lambda & -1\\ f'(x_i) & \lambda\end{pmatrix}=\lambda^2+f'(x_i)=0$$

从而，当 $f'(x_i)>0$ 时为中心，$f'(x_i)<0$ 时为鞍点。

如果将 $f(x)$写成势函数形式

$$V(x)=\int_0^x f(x)\mathrm{d}x$$

则上述结果分别对应于在平衡点$(x_i,0)$处 $V(x)$达到极小和极大值。利用势函数可以得到方程(3.12) 的相轨线(能量积分)为

$$\frac{1}{2}y^2+V(x)=E \tag{3.13}$$

很明显，轨线关于 x 轴是对称的。从(3.13)式可以得到

$$y=\frac{\mathrm{d}x}{\mathrm{d}t}=\pm\sqrt{2[E-V(x)]}$$

对于闭轨，其周期为

$$T=2\int_{x_{\min}}^{x_{\max}}\frac{\mathrm{d}x}{\sqrt{2[E-V(x)]}}$$

例 3.3　质量为 m 的质点沿着半径为 a、转速为 ω 的光滑圆环运动。分析平衡点和相图。

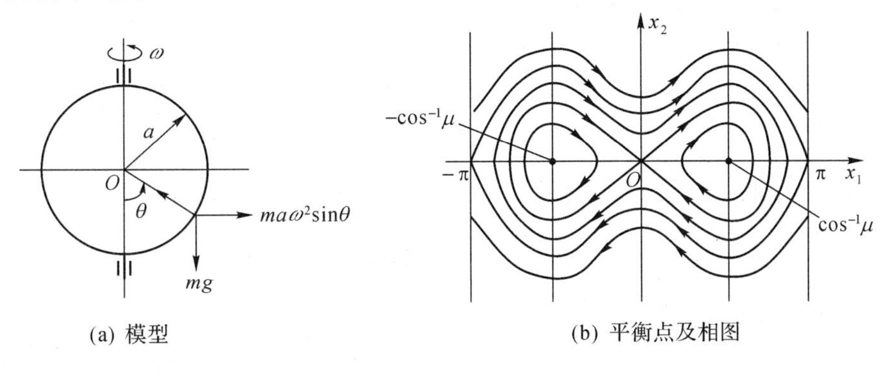

(a) 模型　　(b) 平衡点及相图

图 3.8　旋转摆

解 由质点的周向平衡方程(见图 3.8(a))

$$ma\ddot{\theta}=ma\omega^2\sin\theta\cos\theta-mg\sin\theta$$

引入

$$x_1=\theta,\ x_2=\frac{\dot{\theta}}{\omega},\ \tau=\omega t,\ \mu=\frac{g}{a\omega^2}<1$$

则得到状态方程

$$\begin{cases}\dfrac{\mathrm{d}x_1}{\mathrm{d}\tau}=x_2\\[2mm]\dfrac{\mathrm{d}x_2}{\mathrm{d}\tau}=\sin x_1(\cos x_1-\mu)\end{cases}$$

和

$$V(x_1)=\frac{1}{4}\cos 2x_1-\mu\cos x_1$$

系统的平衡点为(0,0)、$(\pm\pi,0)$、$(\pm\cos^{-1}\mu,0)$。考虑到

$$\frac{\mathrm{d}^2V}{\mathrm{d}x_1^2}=1+\mu\cos x_1-2\cos^2 x_1$$

(1) $\dfrac{\mathrm{d}^2V}{\mathrm{d}x_1^2}\Big|_{x_1=0}=\mu-1<0$,(0,0)为鞍点;

(2) $\dfrac{\mathrm{d}^2V}{\mathrm{d}x_1^2}\Big|_{x_1=\pm\pi}=-\mu-1<0$,$(\pm\pi,0)$为鞍点;

(3) $\dfrac{\mathrm{d}^2V}{\mathrm{d}x_1^2}\Big|_{x_1=\pm\cos^{-1}\mu}=1-\mu^2>0$,$(\pm\cos^{-1}\mu,0)$为中心。

其相轨线为

$$\frac{1}{2}x_2^2+\frac{1}{4}\cos 2x_1-\mu\cos x_1=E$$

从而可计算出过鞍点的相轨线为

鞍点(0,0):$x_2=\pm\sqrt{\sin^2 x_1-2\mu(1-\cos x_1)}$

鞍点$(\pm\pi,0)$:$x_2=\pm\sqrt{\sin^2 x_1+2\mu(1+\cos x_1)}$

平衡点及相图见图 3.8(b)。

3.1.4 非保守系统

比较典型的非保守系统为耗散系统和自激振动系统。

1. 耗散系统

考察下列系统

$$\ddot{x}+q(x,\dot{x})+p(x)=0 \tag{3.14}$$

按前述保守系统定义，系统总能量为

$$E=\frac{1}{2}\dot{x}^2+\int_0^x p(\xi)\mathrm{d}\xi$$

对 E 求导并利用式(3.14)有

$$\frac{\mathrm{d}E}{\mathrm{d}t}=-q(x,\dot{x})\dot{x}$$

若 $\forall\, \dot{x}\neq 0, -q(x,\dot{x})\dot{x}<0$，则系统为耗散系统，$q(x,\dot{x})$ 称为阻尼力。

例 3.4　求下列含 Coulomb 干摩擦系统的相图。

$$m\ddot{x}+\mu N sgn\,\dot{x}+kx=0,\mu N>0$$

解　写成分段的非线性方程

$$\ddot{x}+\omega_0^2x=\begin{cases}-\delta\omega_0^2, & \dot{x}>0\\ \delta\omega_0^2, & \dot{x}<0\end{cases}$$

式中

$$\omega_0=\sqrt{\frac{k}{m}},\quad \delta=\frac{\mu N}{k}>0$$

令 $x_1=x, x_2=\dot{x}$，则在相平面中的轨线满足

$$\frac{\mathrm{d}x_2}{\mathrm{d}x_1}=\begin{cases}-\omega_0^2(x_1+\delta)/x_2, & x_2>0\\ -\omega_0^2(x_1-\delta)/x_2, & x_2<0\end{cases}$$

积分可得

$$\omega_0^2(x_1+\delta)^2+x_2^2=C_1, x_2>0$$

$$\omega_0^2(x_1-\delta)^2+x_2^2=C_2, x_2<0$$

这里 C_1、C_2 分别为相平面中上半平面和下半平面上的积分常数。由图 3.10 可以看到，在上半平面内相轨线是以 $(-\delta,0)$ 为中心的半椭圆，而在下

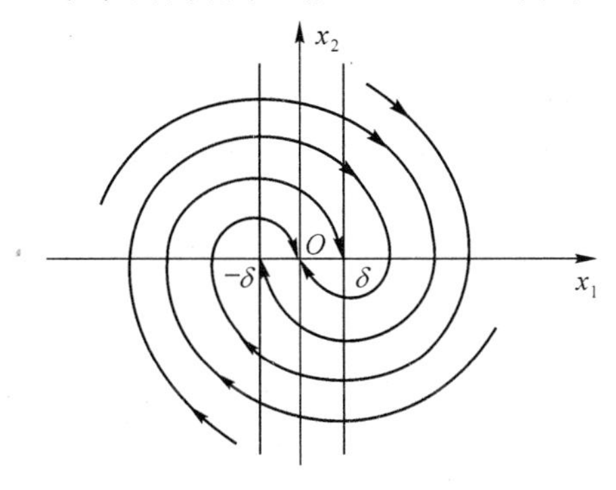

图 3.10　例 3.4 相图

半平面内相轨线是以$(\delta,0)$为中心的半椭圆,它们组成了螺旋线。一旦螺旋线进入到$[-\delta,\delta]$区间,运动即告终止,因为此时弹性力要小于静摩擦力。

2. 自激振动系统

非保守系统为了维持不衰减振动需要不断补充能量。如果用交变的外激励来补充能量,则为强迫系统的振动,此时显含时间 t,为非自治系统。如果系统能从不显含时间 t 的常能源获得补充,则系统是自治的,称为**自激振动**。前面提到在方程(3.14)中,若 $\forall \dot{x}\neq 0$,$-q(x,\dot{x})\dot{x}<0$,则系统为耗散系统;如果在一个振动周期内,$q(x,\dot{x})\dot{x}>0$ 和 $q(x,\dot{x})\dot{x}<0$ 交替出现,则有可能引起自激振动。工程中干摩擦力、气动弹性力、滑动轴承的油膜力会随振幅(速度)发生变化,从而有可能引起系统的自激振动。

Coulomb 将摩擦力简化为幅值为常数、方向与相对速度相反的力,但动摩擦力的实验表明,实际幅值与接触面相对速度有关(见图 3.11)。在一定条件下,这样的摩擦力会产生自激振动,如弦乐器发音就属于这种自激振动。

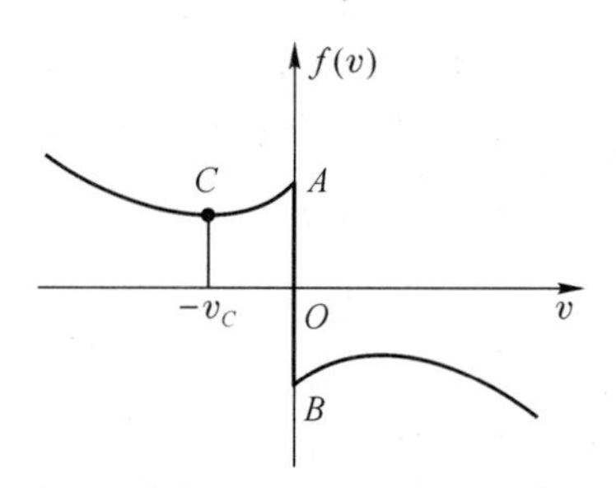

图 3.11　动摩擦力 $f(v)$和相对速度 v

例 3.5　考察图 3.12(a)所示的单自由度系统的微振动,其中动摩擦力 $f(v)$和相对速度 v 之间关系如图 3.11 所示。

解　设 w 为弹簧变形,u 为皮带的运动速度(匀速),则质量 m 的运动方程为

$$m\ddot{w}-f(\dot{w}-u)+kw=0$$

这个系统的平衡位置($\dot{w}=0$ 时)为

$$w_e=\frac{f(-u)}{k}$$

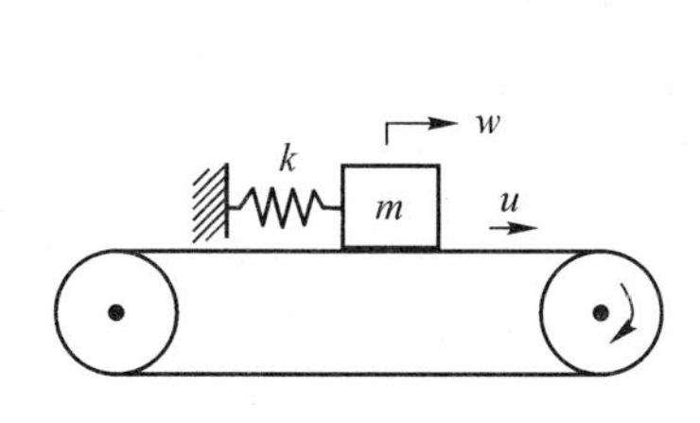

(a) 水平运动皮带上的振动系统

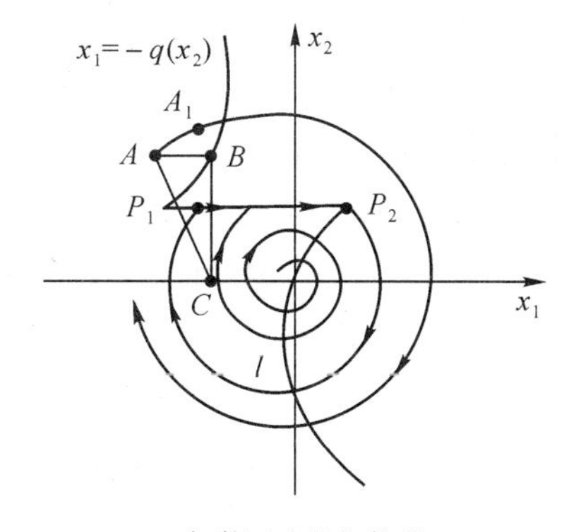

(b) 自激振动的相轨线

图 3.12　例 3.5 图

现在考虑平衡位置附近的微振动，为此令 $x=w-w_e=w-\dfrac{f(-u)}{k}$，则方程变为

$$m\ddot{x}+q(\dot{x})+kx=0$$

式中 $q(\dot{x})=f(-u)-f(\dot{x}-u)$。

当相对速度 $v=\dot{x}-u\in(-v_C,0)$时，$f(v)$对应于图 3.11 中的 CA 段，此时

$$\frac{\mathrm{d}q(\dot{x})}{\mathrm{d}\dot{x}}=-\frac{\mathrm{d}f(\dot{x}-u)}{\mathrm{d}\dot{x}}=-\frac{\mathrm{d}f(v)}{\mathrm{d}v}<0$$

意味着此时为负阻尼，向系统输入能量，诱发自激振动。

图 3.12(b)是用 Lenard 图解法画出的相轨线图(参见参考书目[4])，这里有一条过 P_2 点的闭轨 l。当初始点 A 在 l 外时，相轨线将逐步向原点收缩，一旦轨线与直线$\overline{P_1P_2}$相交，则将沿$\overline{P_1P_2}$到达 P_2 点，以后就在闭轨 l 上运动。相反的，当初始点在 l 内时，相轨线将逐步向外发散，最终进入闭轨 l 运动。闭轨 l 上的运动就是自激振动。

3.2　极限环

若动力系统(3.1)的闭轨 Γ 在某个(环形)邻域内不再有别的闭轨，即 Γ 是孤立闭轨，称为**极限环**。上一节的例 3.5 中 l 就是极限环。

奇点(不动点)是一类特殊的轨线,而极限环是另一类特殊的轨线。

如果邻近轨道渐近地趋于它或远离它,称为**稳定的**(内含可不稳定平衡点)或**不稳定的**(内含可稳定平衡点)极限环。如果邻近轨道从一侧趋近而从另一侧远离,则称半稳定的极限环。这里的稳定性称为**轨道稳定性**,它不同于 Lyapunov 的运动稳定性,因为轨道接近不同于质点的同步接近。譬如有两个相邻轨道 $\boldsymbol{x}_1(t)$、$\boldsymbol{x}_2(t)$,如果 $\forall\varepsilon>0, t_1>t_0, \exists t>t_0$,使得 $t_1>0$, $|\boldsymbol{x}_1(t)-\boldsymbol{x}_2(t_1)|<\varepsilon$,但 $|\boldsymbol{x}_1(t)-\boldsymbol{x}_2(t)|\geqslant\varepsilon$,则一个轨道对另一个是轨道稳定的,但不是 Lyapunov 稳定的。

例 3.6 $\begin{cases}\dot{x}=-y+x[\mu-(x^2+y^2)]=F(x,y)\\ \dot{y}=x+y[\mu-(x^2+y^2)]=G(x,y)\end{cases}\qquad \mu>0$

解 $(x^*,y^*)=(0,0)$是不稳定的焦点($s=\mu\pm\mathrm{i}$);化为极坐标

$$\begin{cases}\dot{r}=r(\mu-r^2)=\mu r\left(1-\dfrac{r^2}{\mu}\right)\\ \dot{\theta}=1\end{cases}$$

显然 $r=\sqrt{\mu}$ 为稳定的极限环,因为 $r<\sqrt{\mu}$, $\dot{r}>0$; $r>\sqrt{\mu}$, $\dot{r}<0$。

例 3.7 $\begin{cases}\dot{x}=-y+x(x^2+y^2-\mu)\\ \dot{y}=x+y(x^2+y^2-\mu)\end{cases}\qquad \mu>0$

解 $(x^*,y^*)=(0,0)$是稳定的焦点($\lambda=-\mu\pm\mathrm{i}$);化为极坐标

$$\begin{cases}\dot{r}=r(r^2-\mu)=\mu r\left(\dfrac{r^2}{\mu}-1\right)\\ \dot{\theta}=1\end{cases}$$

显然 $r=\sqrt{\mu}$ 为不稳定的极限环。

例 3.8 $\begin{cases}\dot{x}=-y+x(\sqrt{\mu}-\sqrt{x^2+y^2})^2\\ \dot{y}=x+y(\sqrt{\mu}-\sqrt{x^2+y^2})^2\end{cases}\qquad \mu>0$

解 $(x^*,y^*)=(0,0)$是一不稳定的焦点($\lambda=\mu\pm\mathrm{i}$);化为极坐标

$$\begin{cases}\dot{r}=r(\sqrt{\mu}-r)^2\\ \dot{\theta}=1\end{cases}$$

由于 $\dot{r}\geqslant0$,所以从内侧趋向 $r=\sqrt{\mu}$,而从外侧是发散的,从而是半稳定的极限环。

由于以上这些例子中的极限环都是圆,所以在极坐标下讨论容易得到相应的结果。一般情况下求极限环是一件复杂的事(包括证明存在),构成

了常微分方程的一大分支。

现在介绍研究极限环的另一重要方法——后继函数法。

设 Γ 是系统(3.1) 的闭轨(见图 3.13)。在 Γ 上任取一点 P，过 P 作 Γ 的法线 $\overline{MPN}$。为了便于计算，我们在 $\overline{MN}$ 上引入坐标 n：以 P 为坐标原点，以 Γ 的外法线为正向。设 P_0 是靠近 P 的法线上一点(坐标为 n_0)，从 P_0 出发的轨线首次与 $\overline{MN}$ 交于 P_1 点(坐标为 n_1)，称为 P_0 的**后继点**。把 $\overline{MN}$ 上从 P_0 到后继点的映射称为 **Poincare 映射**，记为 $n_1=g(n_0)$，称为**后继函数**。显然，Poincare 映射的不动点对应于系统的闭轨。

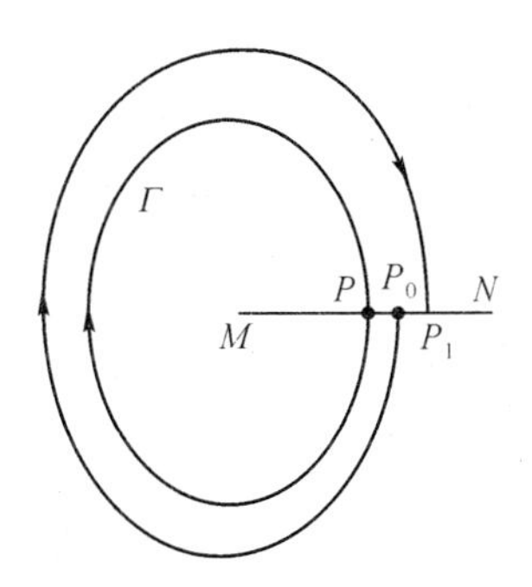

图 3.13　Poincare 映射

现在用后继函数研究极限环的稳定性。记

$$h(n_0)=g(n_0)-n_0$$

可以看出，如果当 $0<n_0\ll 1$ 时恒有 $h(n_0)<0$(或 $h(n_0)>0$)，则 Γ 是外侧稳定(或不稳定)的；如果当 $n_0<0,0<|n_0|\ll 1$ 时，恒有 $h(n_0)>0$(或 $h(n_0)<0$)，则 Γ 是内侧稳定(或不稳定)的。

由上述坐标的选取可知 $h(0)=0$。设

$$h(0)=h'(0)=\cdots=h^{(k-1)}(0),\ h^{(k)}(0)\neq 0 \tag{3.15}$$

则有

$$h(n_0)=\frac{1}{k!}h^{(k)}(0)n_0^k+O[|n_0|^{k+1}]$$

因此，当 k 为奇数并且 $h^{(k)}(0)<0$(或 >0)时，Γ 是稳定(或不稳定)的；当 k 为偶数时，Γ 是半稳定的极限环。

如果 $h'(0)\neq 0$，称 Γ 为**单重极限环**；若式(3.15)成立且 $k\geqslant 2$，称 Γ 为 $\boldsymbol{k}$ **重极限环**。

关于极限环的结构稳定性，有下列结果(证明略)：

定理 3.3 系统(3.1)的单重极限环 Γ 是结构稳定的,即对任意 $\varepsilon>0$,存在 Γ 的环形邻域 Φ,使得(3.1)的任何 ε-邻近系统(见下节)在 Φ 内仍有唯一的闭轨,而且它与 Γ 有相同的稳定性。

3.3 系统参数改变对解的定性的影响

现在的一个问题是:当系统参数改变时是否会引起解的定性的改变?

上面两节讨论了奇点和极限环的稳定性,这可视为两类特殊轨道的稳定性。对于一般轨道,有下列的轨道稳定性结果:

定义 3.1(ε-邻近系统) 记 χ 为所有形如(3.1)的系统的集合,其中 $X(x,y)$、$Y(x,y)$是连续可微的。设

$$\frac{\mathrm{d}x}{\mathrm{d}t}=P(x,y),\ \frac{\mathrm{d}y}{\mathrm{d}t}=Q(x,y) \tag{3.16}$$

称 χ 是(3.16)的 ε-邻近系统,即 $\forall\, X(x,y)$、$Y(x,y)\in\chi$,有

$$\begin{aligned}|X-P|&+\left|\frac{\partial X}{\partial x}-\frac{\partial P}{\partial x}\right|+\left|\frac{\partial X}{\partial y}-\frac{\partial P}{\partial y}\right|\\&+|Y-Q|+\left|\frac{\partial Y}{\partial x}-\frac{\partial Q}{\partial x}\right|+\left|\frac{\partial Y}{\partial y}-\frac{\partial Q}{\partial y}\right|<\varepsilon\end{aligned}$$

所谓系统(3.1)和(3.16)**轨道等价**是指存在同胚映射(局部连续可逆变换,见本讲附录),使得(3.1) 的轨线变成(3.16)轨线。换言之,若线性化后系统的轨道性态与原系统相似(即上述分类和稳定性不变),称为两系统是等价的。

如果存在 $\varepsilon>0$,使得(3.16) 与任意 ε-邻近系统都是轨道等价,则称系统是**结构稳定**的。

粗略地说,当新的系统是 ε-邻近系统时,其对应的线性化方程的系数可以作稍微的改变,此时系统在 p-q 平面(见图 3.6)上的位置会有所改变。如果原系统是在某一区域内(如 F_1、F_2、N_1、N_2、S 区域),则只要改变足够小,就可以保证轨道的等价(即在同一区域内);但如果原系统是在下列某一条线上:$p=0(q>0)$,$q=0$,$p^2=4q$(即 M_1、M_2、C、H),即其特征值处于某种临界状态,则即使系统的位置改变足够小,也可能偏离该线,造成轨道的不等价,从而需要另行讨论。

定理 3.4 如果系统(3.1) 的线性部分的矩阵是常矩阵,其特征值实部

都不为零(此时称(0,0)为它的双曲奇点),则它在奇点(0,0)附近是(局部)结构稳定的,并且轨道也等价于它的线性化系统。

习题

3.1 设线性系统(3.3)以(0,0)为高阶奇点,试作出其相图。

3.2 证明定理3.1。

3.3 设两个系统:

$$\frac{\mathrm{d}\boldsymbol{x}}{\mathrm{d}t}=\boldsymbol{A}\boldsymbol{x},\quad \frac{\mathrm{d}\boldsymbol{x}}{\mathrm{d}t}=\boldsymbol{B}\boldsymbol{x}$$

这里 $\boldsymbol{A}=\boldsymbol{T}^{-1}\boldsymbol{B}\boldsymbol{T}$,$\boldsymbol{T}$ 可逆。证明

(1)如果第一个系统过零点的一条轨线是直线,则在第二个系统中相应的轨线仍为直线。

(2)第一个系统的轨线对原点的对称性,在第二个系统中保持不变。

3.4 判断下列方程的奇点(0,0)类型,并作出该奇点附近的相图:

(1)$\dot{x}=4y-x$,$\dot{y}=-9x+y$;

(2)$\dot{x}=x+2y$,$\dot{y}=5y-2x+x^3$;

(3)$\dot{x}=x(1-y)$,$\dot{y}=y(1-x)$。

3.5 例3.8中,在无干扰下,能否从内侧穿越极限环 $r=\sqrt{\mu}$ 向无穷发散?

附:同胚

如果对于两个集合 A、B 存在连续的、1-1的映射 $\varphi:A\to B$,则称这两个集合是**同胚**的,映射 φ 称为**同胚映射**。

换言之,同胚映射 φ 是指满足单射和满射条件且 φ 和 φ^{-1} 同时连续的映射。大致地说,如果集合是一个几何物体,同胚映射就是把物体连续延展和弯曲,使其成为一个新的物体,而不能使其割裂或重叠。因此,正方形和圆是同胚的,但球面和环面就不是。同胚映射可以将一族互不相交的曲线变成一族彼此平行的直线,但不能将两个相交的曲线变成不相交的曲线,或反之。

同胚映射涉及连续,所以对集合所在的空间需要事先定义某种结构,以便可以定义映射的连续性,如通常的欧氏空间上两点之间的距离、更一般空

间上的范数以及给定某类拓扑(开集族),均可以作为定义连续映射的基础。此外,集合 A、B 不一定需要定义在同一空间上。

同胚例子:

● R_2 内的单位圆盘 D_2 和单位正方形是同胚的。

● 开区间(−1, 1)与实直线 R 同胚。

● 积空间 $S_1\times S_1$ 与二维环面同胚。

● 每一个一致同构和等距同构都是同胚。

● 任何二维球面去掉一个点都与 R_2 中的所有点所组成的集合(二维平面)同胚。

第 4 讲　结构稳定与分支(岔)现象

上一讲讨论了动力系统结构稳定性和奇点双曲性定义，并介绍了一个局部结构稳定性定理(定理 3.4)。这一讲将介绍一个大范围的结构稳定性定理，然后讨论当定理条件不成立时可能产生的分支现象。

4.1　一个大范围的结构稳定性定理

仍然只考虑平面系统

$$\frac{dx}{dt}=X(x,y),\ \frac{dy}{dt}=Y(x,y) \tag{4.1}$$

这里 $X(x,y)$、$Y(x,y)$是连续可微的，并定义在圆盘 $\Sigma: x^2+y^2\leqslant R^2$ 上，假定式(4.1)定义的向量场与圆盘的边界 $\partial\Sigma$ 不相切，把所有满足上述连续可微条件的函数所组成的集合记为 $\chi(\Sigma)$。考虑在 $\chi(\Sigma)$内一个给定系统的结构稳定性。

定义 4.1(分支)　对于带参数的方程组

$$\frac{dx}{dt}=X(x,y,\varepsilon),\ \frac{dy}{dt}=Y(x,y,\varepsilon)$$

如果参数 ε 经过 ε_0 时对应解的定性(解的个数和稳定性)发生改变，则称 $\varepsilon=\varepsilon_0$ 为**分支(岔)点**。

不失一般性，假定 $\varepsilon_0=0$，此时方程退化到式(4.1)。

下面不加证明介绍本节的主要定理。

定理 4.1　在 $\chi(\Sigma)$中系统(4.1)结构稳定的充要条件是

A. 它只有有限个奇点，并且每个奇点都是双曲的(即奇点处线性部分矩阵的特征值实部均不为零)；

B. 它只有有限条闭轨，而且所有闭轨都是单重的极限环；

C. 它没有从鞍点到鞍点的轨线。

从上一讲的定理 3.3 和定理 3.4 讨论可知，条件 A、B 是比较自然的。现对条件 C 作一说明：当 $t\to+\infty(-\infty)$ 时，如果一条轨线趋向于一个初等结点或焦点，则从充分靠近这条轨线的点出发的其他轨线也有相同的归宿。但鞍点不具此性质，因为一条轨线当 $t\to+\infty(-\infty)$ 时趋向鞍点时（此时称这轨线为过这个鞍点的一条**分界线**），则无论取多么靠近轨线、但不在轨线上的点作为起始点，则所得的轨线与分界线有不同归宿。因此，若一条轨线两端都趋向鞍点，则它在扰动下可能破裂，从而改变轨线族的拓扑结构，见图 4.1。我们把两端趋于同一鞍点的轨线称为**同宿轨线**，把两端趋于不同鞍点的轨线称为**异宿轨线**。在相平面中，区分不同类型运动的轨线称为**分型线**。一般来说，同（异）宿轨线是分型线。

例 4.1 Duffing 方程

$$\ddot{x}+x-x^3=0 \tag{4.2}$$

解 写成一阶方程组形式

$$\dot{x}=y,\quad \dot{y}=x^3-x$$

其平衡点为

$$x_1^*=(0,0),\ x_2^*=(-1,0),\ x_3^*=(1,0) \tag{4.3}$$

从上一讲讨论容易得到 x_1^* 为中心，x_2^*、x_3^* 为鞍点。

将方程(4.2)两边乘以 $\mathrm{d}x$ 并积分

$$\int\ddot{x}\mathrm{d}\dot{x}+\int(x-x^3)\mathrm{d}x=0$$

即

$$\frac{1}{2}\dot{x}^2+\frac{1}{2}x^2-\frac{1}{4}x^4=C$$

从而方程(4.2)的首次积分为

$$H=\frac{1}{2}\dot{x}^2+\frac{1}{2}x^2-\frac{1}{4}x^4 \tag{4.4}$$

对应平衡点的首次积分值为

$$H_1=0,\qquad H_{2,3}=\frac{1}{4}$$

当 $H<\frac{1}{4}$ 时，方程(4.2)的解可写为

$$x=a\mathrm{sn}(\omega t,m) \tag{4.5}$$

这里 $\omega^2=1-\frac{1}{2}a^2$；$m^2=\frac{a^2}{(2-a^2)}$；sn(·,·)为 Jacobi 椭圆正弦函数（详细

讨论见6.4.1节),其定义可由下面等式得到:

$$\omega t=\int_0^{\arcsin\frac{x}{a}}\frac{\mathrm{d}\varphi}{\sqrt{1-m^2\sin^2\varphi}},\quad a>0$$

当 $m\rightarrow 1$,即 $a\rightarrow 1$,$\omega\rightarrow\frac{1}{\sqrt{2}}$时,上式变成

$$\omega t=\int_0^{\arcsin x}\frac{\mathrm{d}\varphi}{\cos\varphi}=\frac{1}{2}\ln\frac{1+x}{1-x}$$

即

$$\frac{1+x}{1-x}=\mathrm{e}^{2\omega t}\Rightarrow\begin{cases}x=\dfrac{\mathrm{e}^{2\omega t}-1}{\mathrm{e}^{2\omega t}+1}=\mathrm{th}\omega t=\mathrm{th}\,\dfrac{t}{\sqrt{2}}\\[2ex] y=\dot{x}=\dfrac{1}{\sqrt{2}}\mathrm{sech}^2\,\dfrac{t}{\sqrt{2}}\end{cases}$$

此时 $H=\frac{1}{4}$,有两条轨线:在上半平面($y>0$),当 $t\rightarrow\infty$,$y\rightarrow 0$,$x\rightarrow 1$;在下半平面($y<0$),当 $t\rightarrow\infty$,$y\rightarrow 0$,$x\rightarrow -1$。这样的分型线为异宿轨线。图4.1所示为Duffing方程的相图。

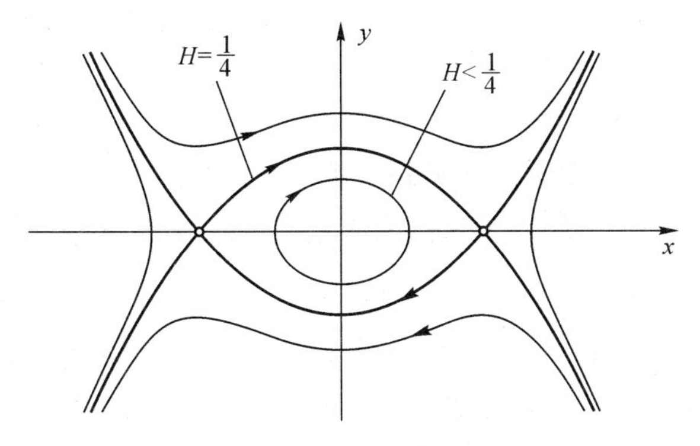

图4.1 $\ddot{x}+x-x^3=0$ 的相图($y=\dot{x}$)

例4.2 方程 $\ddot{x}-x+x^3=0$

此例中分型线为同宿轨线(见图4.2),$y=\dot{x}$。

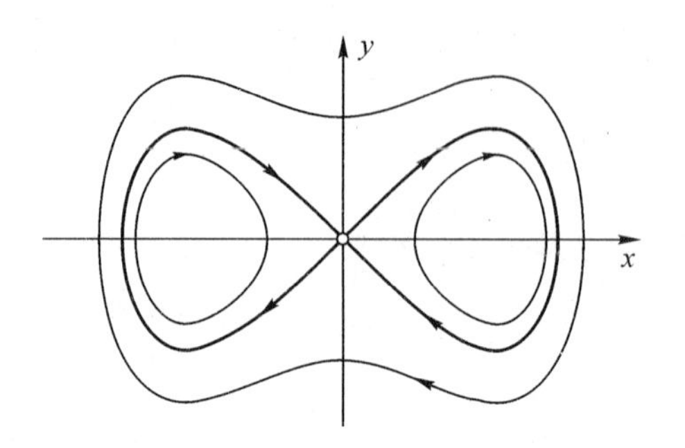

图 4.2 $\ddot{x}-x+x^3=0$ 的相图

4.2 高阶奇点的分支

考虑下列的扰动系统

$$\frac{\mathrm{d}x}{\mathrm{d}t}=x,\ \frac{\mathrm{d}y}{\mathrm{d}t}=y^2+\varepsilon \tag{4.6}$$

其中 ε 是实参数。当 $\varepsilon>0$ 时没有奇点；当 $\varepsilon=0$ 时，奇点为(0,0)；$\varepsilon<0$ 时，奇点为$(0,\sqrt{-\varepsilon})$、$(0,-\sqrt{-\varepsilon})$。这说明无论 ε 多么小，系统(4.6)和对应的未扰动系统($\varepsilon=0$)都不可能拓扑等价。事实上，未扰动系统的线性部分矩阵有一个特征值为零，不满足定理 4.1 中条件 A。

现在看轨线结构随 ε 变化的情况。当 $\varepsilon<0$ 时，容易知道$(0,\sqrt{-\varepsilon})$是不稳定的两向结点，而$(0,-\sqrt{-\varepsilon})$是鞍点，并随$|\varepsilon|$逐渐减小，这两个奇点逐渐靠近；当 $\varepsilon=0$ 时，它们拼成一个半鞍半结型的奇点，叫**鞍—结点**；而当 $\varepsilon>0$ 时，奇点消失。我们把这种分支现象称为**鞍—结分支**(见图 4.3)。

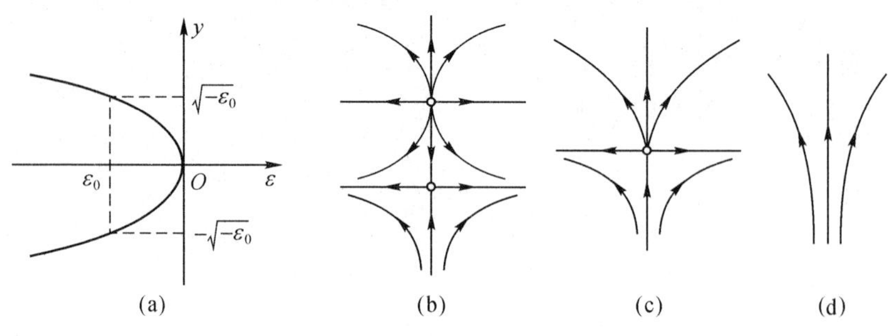

图 4.3 鞍—结点分支

例 4.3 倒摆

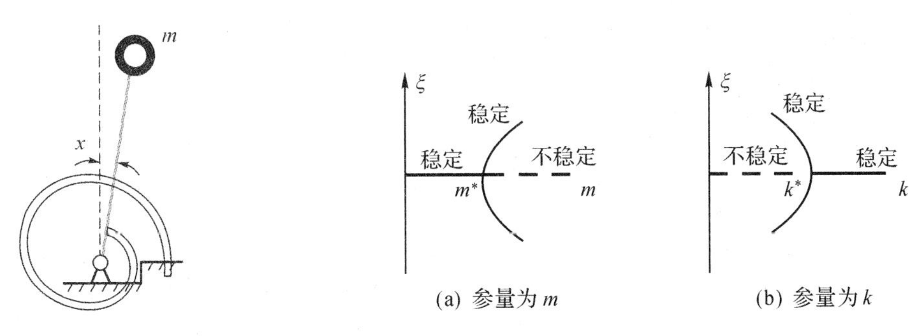

图 4.4 倒摆

图 4.5 参量变化与平衡点

图 4.4 所示为一长为 l、用刚度系数为 $2ka^2$ 的螺旋弹簧支持的倒摆，其他记号见图 4.4。不计阻尼，摆的运动方程为

$$ml^2\ddot{x}=mgl\sin x-2ka^2x$$

我们不能用 x 代替 $\sin x$，因为这样得到的线性化方程不会出现分支现象。为此，用 $x-\frac{1}{6}x^3$ 代替 $\sin x$，得

$$ml^2\ddot{x}=(mgl-2ka^2)x-\frac{1}{6}mglx^3$$

当 $mgl>2ka^2$(重质量、弱弹簧)时，有三个平衡位置：

$$x_1=0,\quad x_{2,3}=\pm\sqrt{6-\frac{12ka^2}{mgl}}$$

可以验证，x_1 是不稳定的，而 $x_{2,3}$ 是稳定的。

当 $mgl<2ka^2$ 时，只有一个平衡点 $x_1=0$ 是稳定的。

如果选 m 作为参量，平衡位置的 x 值记为 ξ，则临界参量为 $m^*=\frac{2ka^2}{gl}$，见图 4.5(a)。

如果选 k 作为参量，则临界的参量为 $k^*=\frac{mgl}{(2a^2)}$，见图 4.5(b)。

例 4.4 图 4.6 中 AB 是一导体，长为 l、质量为 m、通过电流为 i。导体 AB 受到通过电流为 I 的无限长导体吸引，而作用于 AB 上弹簧 C 的刚度为 k。AB 的运动方程为

$$m\ddot{x}=-kx+\frac{2Iil}{a-x}=k\left(\frac{\lambda}{a-x}-x\right),\quad \lambda=\frac{2Iil}{k}$$

则平衡点 $x=\xi$ 和其稳定性如图 4.7 所示。

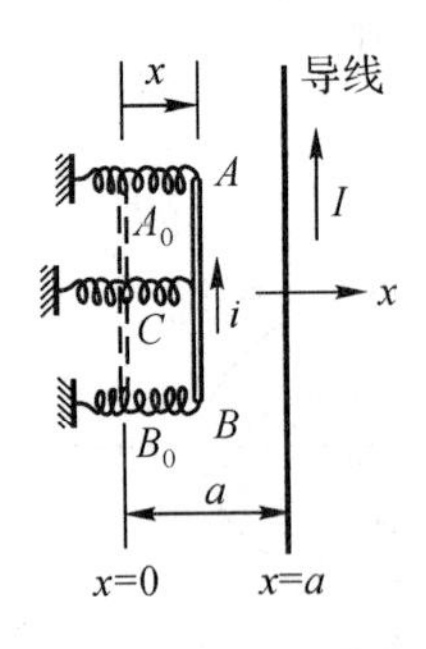

图 4.6 例 4.4 装置

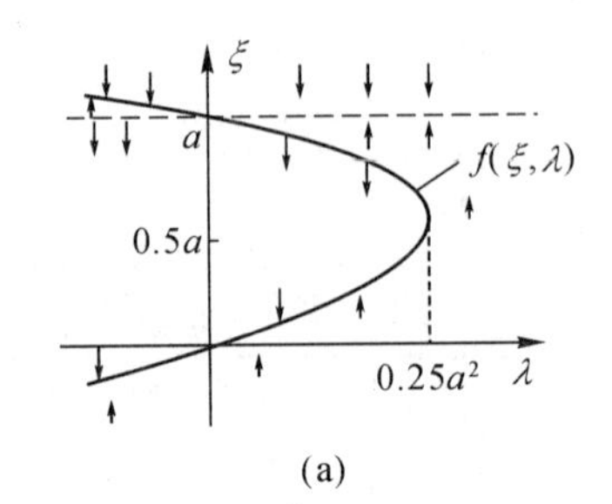

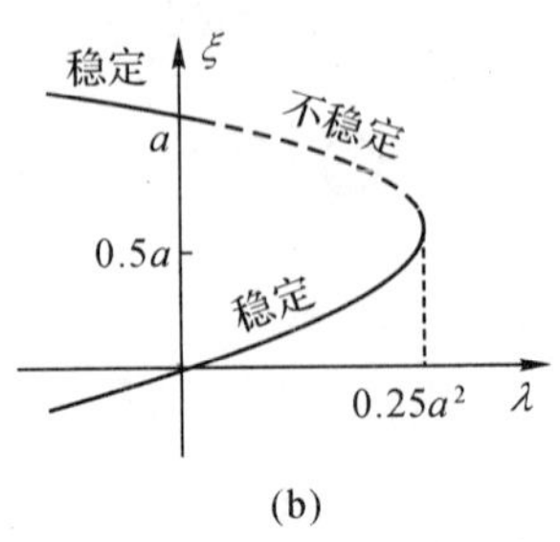

图 4.7 参量 λ 变化与平衡点的稳定性

4.3 Hopf 分支

我们考虑定理 4.1 中条件 A 遭到破坏的另一种形式：系统奇点处的线性部分矩阵的特征值不为零，但为一对纯虚数(图 3.6 中的 $p=0$ 情形)。

例 4.5 考虑系统

$$\dot{x}=-y-x(x^2+y^2),\quad \dot{y}=x-y(x^2+y^2) \tag{4.7}$$

及其扰动系统

$$\dot{x}=\varepsilon x-y-x(x^2+y^2),\quad \dot{y}=x+\varepsilon y-y(x^2+y^2) \tag{4.8}$$

显然，系统(4.8)在(0,0)处的线性部分矩阵有特征值 $\varepsilon\pm \mathrm{i}$。当 ε 取值由负变正时，奇点(0,0)由稳定焦点变为不稳定焦点，因此，$\varepsilon=0$ 是一个分支值，而系统(4.7)是结构不稳定的。

现考察当 ε 变动通过零时，系统(4.8)的相图发生什么变化。

将系统(4.8) 用极坐标表示

$$\dot{r}=r(\varepsilon-r^2),\quad \dot{\theta}=1 \tag{4.9}$$

当 $\varepsilon\leqslant 0$ 时，原点是稳定焦点，并且在原点附近不存在闭轨；当 $\varepsilon>0$ 时，原点变为不稳定焦点，并且有唯一的闭轨 $r=\sqrt{\varepsilon}$，它是稳定的极限环，见图 4.8。这样，当 ε 的值增大而通过 0 的瞬间，奇点稳定性发生翻转，同时一个稳定的极限环从奇点“跳出”，并随 ε 的增大而扩大。这种分支现象叫 **Hopf 分支**。

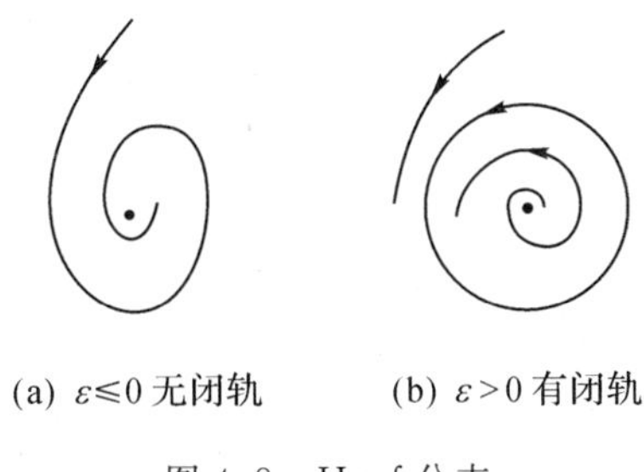

(a) $\varepsilon\leqslant 0$ 无闭轨　　(b) $\varepsilon>0$ 有闭轨

图 4.8　Hopf 分支

4.4　Poincare 分支

现在考虑定理 4.1 中条件 A 遭到破坏的方式同 Hopf 分支类似，但不同的是扰动前系统不是以(0,0)为焦点，而是以它为中心点。

例 4.6　设扰动前的系统为

$$\dot{x}=-y,\ \dot{y}=x \tag{4.10}$$

而扰动系统为

$$\dot{x}=-y-\varepsilon x(x^2+y^2-1-\varepsilon),\ \dot{y}=x-\varepsilon y(x^2+y^2-1-\varepsilon) \tag{4.11}$$

化为极坐标方程后容易看出，当 $0<|\varepsilon|\ll 1$ 时，扰动系统以圆周 $x^2+y^2=1-\varepsilon$ 为唯一闭轨，它是一个极限环。因此扰动前后系统的轨线族有完全不同的结构，从而 $\varepsilon=0$ 是一个分支值。与 Hopf 分支不同，这里的闭轨不是由于焦点的稳定性改变产生的；事实上，它不随 $\varepsilon\to 0$ 而收缩到奇点，而是趋向 $x^2+y^2=1$。这样，原来的中心型奇点的闭轨族中的某一闭轨，在扰动后不破裂而成为新系统的一条孤立闭轨，称为 **Poincare 分支**。

4.5　多重闭轨分支

现在考察定理 4.1 中条件 B 不成立的情形。

例 4.7　考虑系统

$$\dot{x}=-y-x(x^2+y^2-1)^2,\ \dot{y}=x-y(x^2+y^2-1)^2 \tag{4.12}$$

及扰动系统

$$\begin{cases}\dot{x}=-y-x(x^2+y^2-1+\varepsilon)(x^2+y^2-1-\varepsilon)\\ \dot{y}=+x-y(x^2+y^2-1+\varepsilon)(x^2+y^2-1-\varepsilon)\end{cases}\tag{4.13}$$

其中 $0<|\varepsilon|\ll1$。取极坐标，则式(4.13)化为

$$\dot{r}=-r[r^2-(1-\varepsilon)][r^2-(1+\varepsilon)],\quad \dot{\theta}=1\tag{4.14}$$

由系统(4.14)的第一个方程易知，系统存在两个闭轨 $\Gamma_1: r=\sqrt{1-|\varepsilon|}$ 和 $\Gamma_2: r=\sqrt{1+|\varepsilon|}$。显然，在 Γ_1 内和 Γ_2 外，$\dot{r}<0$；而在 Γ_1 和 Γ_2 之间，$\dot{r}>0$，从而可知 Γ_1，Γ_2 是系统(4.14)仅有的两个闭轨，它们分别是不稳定极限环和稳定极限环。当 $\varepsilon=0$ 时，系统(4.13)有唯一的闭轨 $\Gamma: r=1$。以上分析表明，当 $|\varepsilon|$ 的值减小到 0 时，系统(4.14)的两个极限环重合成一个半稳定的极限环，使得轨道结构发生了突变。这种现象称为多重闭轨的分支(见图 4.9)。

(a) $\varepsilon=0$ 一个半稳定极限环　　(b) $|\varepsilon|>0$ 稳定与不稳定极限环各一

图 4.9　多重闭轨的分支

4.6　同宿轨线的分支

最后来考察定理 4.1 中的条件 C 遭到破坏的情况。

在 4.1 节中提到，以鞍点到鞍点的(同宿或异宿)轨线在扰动下可能破裂，并趋向其他奇点。因此，具有这种分界线的系统不是结构稳定的。现在要进一步讨论在分支现象发生时产生闭轨的可能性。

例 4.8　考虑系统

$$\frac{dx}{dt}=y,\ \frac{dy}{dt}=-x(1-\frac{3}{2}x)\tag{4.15}$$

它有两个奇点：$O(0,0)$、$A(\frac{2}{3},0)$。容易证明，O 为中心点，A 为初等鞍点。从式(4.15)中消去 t，可以得到系统的一个首次积分

$$F(x,y)=y^2+x^2-x^3=C \tag{4.16}$$

其中 C 为参数。由此式不难作出系统(4.15) 的相轨线图(见图 4.10) ,并且知道 O 仍为中心点。

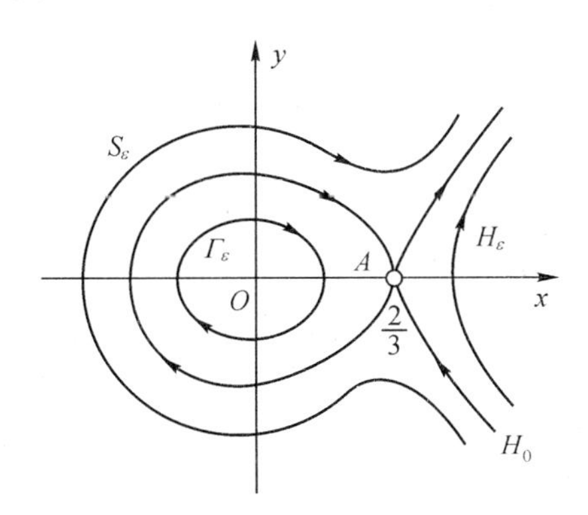

图 4.10 系统(4.15) 的相轨线图

为讨论方便起见,令

$$C=\frac{4}{27}-\varepsilon$$

则有下列结论:

(1)当 $\varepsilon=0$ 时,由式(4.16)得到的鞍点分界线 $S_0=\Gamma_0\cup H_0$,其中 Γ_0 是鞍点 A 的同宿轨线,H_0 把平面(x,y)分成左右两部分。

(2)当 $\varepsilon<0$ 时,可以确定系统的一条(无界)轨线 S_ε,它位于 Γ_0 所围区域之外和 H_0 的左侧,当 $\varepsilon\to0^-$ 时,$S_\varepsilon\to S_0$。

(3)当 $\varepsilon>0$ 时,可以确定系统的两条轨线,其中一条是闭轨 Γ_ε,位于 Γ_0 所围区域之内;另一条(无界)轨线 H_ε,在 H_0 的右侧。当 $\varepsilon\to0^+$ 时,$\Gamma_\varepsilon\to\Gamma_0$,$H_\varepsilon\to H_0$。

4.7 固体力学中的几个例子

例 4.5 浅球壳的 Mises 模型如图 4.11(a)所示。

压杆 AC、BC 是可压缩的,折合弹簧系数均为 k。它们未变形时的长度略大于 a,从而与 AB 构成倾角 α;当作用载荷 P 后,倾角变为 θ,此时 C 点的位移记为 δ。

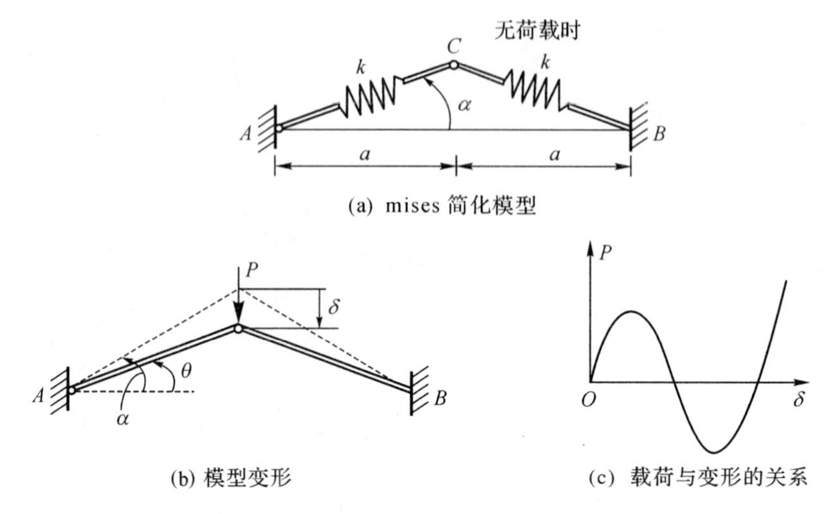

(a) mises 简化模型

(b) 模型变形

(c) 载荷与变形的关系

图 4.11　浅球壳变形

变形后总势能为

$$V(\theta;P)=2\cdot\frac{1}{2}k\left[\frac{a}{\cos\alpha}-\frac{a}{\cos\theta}\right]^2-P(a\tan\alpha-a\tan\theta)$$

$$\approx\frac{1}{4}ka^2(\theta^2-\alpha^2)^2-Pa(\alpha-\theta)\tag{4.17}$$

由最小势能原理可得

$$V'(\theta;P)=ka^2(\theta^2-\alpha^2)\theta+Pa=0$$

或

$$\frac{P}{ka}=-(\theta^2-\alpha^2)\theta\tag{4.18}$$

式(4.18)给出了 P-θ 的关系曲线，是一种突变型的屈曲(详见第 5 讲系统(5.5)的讨论)。当 θ 用位移 $\delta=a(\alpha-\theta)$ 代替时，P-δ 的曲线如图 4.11(b)所示。

例 4.6　大变形结构(几何非线性)

刚架受到载荷 P 的作用(见图 4.12(a))，假定纵横两杆始终处于弹性变形且不计轴向变形，作用点的水平和向下方向的位移分别记为 u、v，则 u、v 和 P 的关系如图 4.12(b)所示。

例 4.7　橡皮膜充气(材料非线性)

由于考虑的是大变形，橡皮膜的本构关系应该用非线性关系表示。硫化橡胶的应变能密度函数可写成

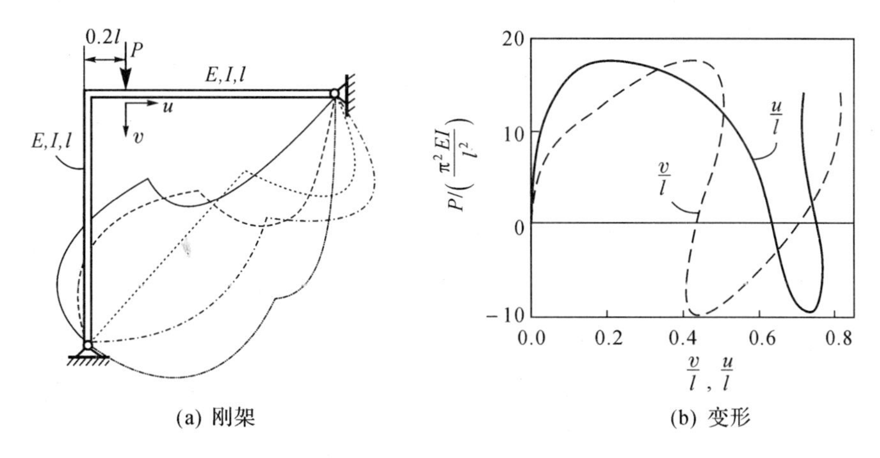

(a) 刚架　　(b) 变形

图 4.12　大变形结构

$$U=\alpha(I_1-3)+\beta(I_2-3) \tag{4.19}$$

式中 α、β 是材料常数，

$$I_1=\lambda_1^2+\lambda_2^2+\lambda_3^2,\quad I_2=\lambda_1^2\lambda_2^2+\lambda_2^2\lambda_3^2+\lambda_3^2\lambda_1^2$$

而 $\lambda_i, i=1,2,3$ 为主伸缩率，它与主应变的关系为 $\lambda_i=1+\varepsilon_i$。考虑到橡胶是不可压缩的，所以 $I_3=\lambda_1^2\lambda_2^2\lambda_3^2=1$。

下面的分析表明，尽管用的同一本构关系，在简单拉伸和球膜充气两种不同情况下，载荷与位移关系是很不一样的。

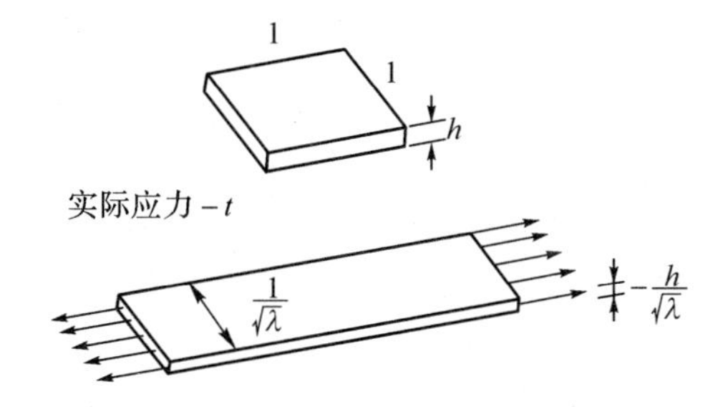

图 4.13　正方形小片的简单拉伸

图 4.13 所示是在厚为 h 的单位正方形小片上作用实际应力为 t 的简单拉伸，我们的目的是建立实际应力为 t 和伸缩率 λ 之间的关系。由式(4.19)可得

$$\lambda_1=\lambda,\quad \lambda_2=\lambda_3=\frac{1}{\sqrt{\lambda}}$$

$$I_1=\lambda^2+2\lambda^{-1},\quad I_2=2\lambda+\lambda^{-2}$$

由于应变能的增量等于外力功增量

$$h\left(\alpha\frac{\mathrm{d}I_1}{\mathrm{d}\lambda}+\beta\frac{\mathrm{d}I_2}{\mathrm{d}\lambda}\right)\mathrm{d}\lambda=t\cdot\frac{1}{\sqrt{\lambda}}\cdot\frac{h}{\sqrt{\lambda}}\mathrm{d}\lambda$$

可得名义应力

$$p=\frac{t}{\lambda}=\alpha\frac{\mathrm{d}I_1}{\mathrm{d}\lambda}+\beta\frac{\mathrm{d}I_2}{\mathrm{d}\lambda}=2(\alpha\lambda+\beta)(1-\frac{1}{\lambda^3})\tag{4.20}$$

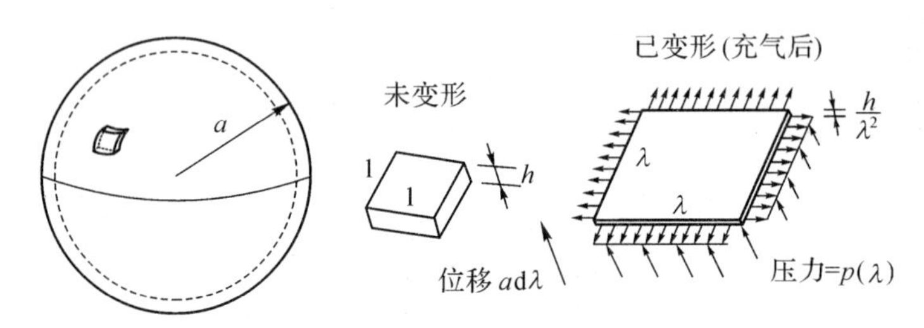

图 4.14　气球充气问题

再考虑气球充气问题(见图 4.14)。设球原半径为 a,充气后变成 λa,充气压力为 p,从而

$$\lambda_1=\lambda_2=\lambda,\ \lambda_3=\lambda^{-2}$$

$$I_1=2\lambda^2+\lambda^{-4},\ I_1=\lambda^4+2\lambda^{-2}$$

由能量关系

$$4\pi a^2h\left(\alpha\frac{\mathrm{d}I_1}{\mathrm{d}\lambda}+\beta\frac{\mathrm{d}I_2}{\mathrm{d}\lambda}\right)\mathrm{d}\lambda=4\pi pa^2\lambda^2a\mathrm{d}\lambda$$

可得

$$p=\frac{h}{\lambda^2a}\left(\alpha\frac{\mathrm{d}I_1}{\mathrm{d}\lambda}+\beta\frac{\mathrm{d}I_2}{\mathrm{d}\lambda}\right)=\frac{4h}{a}\left(\frac{\alpha}{\lambda}+\beta\lambda\right)\left(1-\frac{1}{\lambda^6}\right)\tag{4.21}$$

图 4.15(a)和图 4.15(b)分别给出了式(4.20)和(4.21)的图象($\alpha=10$,$\beta=1$)。我们注意到,在简单拉伸中,曲线 p-λ 是单调上升的;而在对气球充气时,开始很费劲,然后会产生一跳跃,后面打气比较容易,这与日常经验相符。

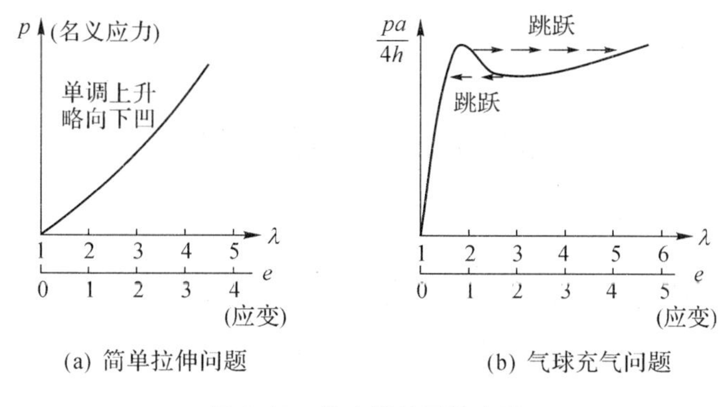

图 4.15 橡皮膜的两种变形

习题

4.1 为什么同、异宿轨道与分型线是轨道的整体性质？它有什么意义？

4.2 完成例 4.2 的详细计算。

4.3 极限环是否为平衡点？它与第 1 讲中的周期解有什么联系？

4.4 将二维微分动力系统的相应概念奇点及分类推广到二维差分动力系统上去，并研究下列映射，证明 $\mu=2$ 时是一个 Hopf 分支：

$$x_{n+1}=y_n,\quad y_{n+1}=\mu y_n(1-x_n),\quad \mu>\frac{5}{4}$$

4.5 列表总结各类型的分支。

第5讲 突 变

下面研究分支中的一类特殊现象——突变。

5.1 梯度系统、突变及其条件

如果质点的加速度很小,可以略去不计,同时保留黏性项(如描述布朗运动),则质点运动(Langevin)满足下列的**梯度系统**

$$\dot{x}=F=-\frac{\partial V}{\partial x} \tag{5.1}$$

这里 $V=V(x,\mu)$,μ 是系统参数。按第 4 讲讨论,

A. 平衡点 x^*:$\left(\frac{\partial V}{\partial x}\right)\bigg|_{x^*}=0$

B. 稳定性:$\left(\frac{\partial^2 V}{\partial x^2}\right)\bigg|_{x^*}>0$ 稳定,$\left(\frac{\partial^2 V}{\partial x^2}\right)\bigg|_{x^*}<0$ 不稳定,而$\left(\frac{\partial^2 V}{\partial x^2}\right)\bigg|_{x^*}=0$ 可能为分支点。

这样可以进一步定义下列一类特殊的分支点——突变。

定义 5.1(突变)

当系统参数改变时,原处于位势 V 极小值的质点,通过分支点时变成拐点,因而质点突然就从 V 的低谷处跳出来,进入另一个本质与原先完全不同的状态,称为**突变**。

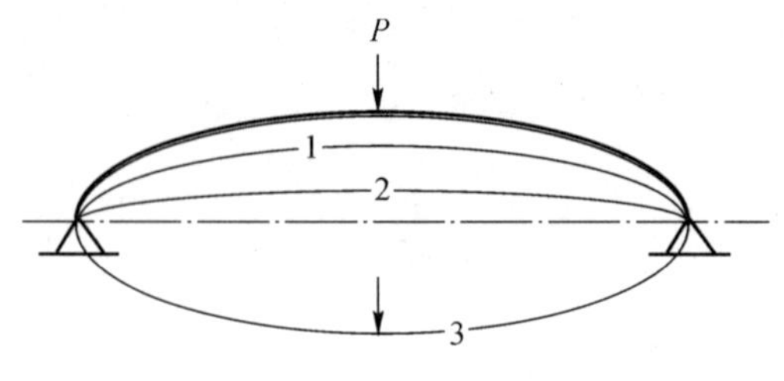

图 5.1 拱梁的突变

如图5.1所示，拱梁在横向力 P 作用下开始变形，当力 P 增加到一定值时位移会产生一跳跃到达3(突变)。显然,突变是因参数(P)改变引起的。

5.2 通用扩展和余维数(参数的个数)

不失一般性,设 $(x^*,\mu)=(0,0)$ 是分支点，则 $V(x,\mu)$ 应有

$$V(x,\mu)=V(x^*,\mu)+\frac{\partial V}{\partial x}\Big|_{x^*,\mu}(x-x^*)+\frac{1}{2}\frac{\partial^2 V}{\partial x^2}\Big|_{x^*,\mu}(x-x^*)^2+a_3(x-x^*)^3+a_4(x-x^*)^4+\cdots=a_3x^3+a_4x^4+\cdots$$

的形式,这里由于 $(x^*,\mu)=(0,0)$ 是分支点,从而 $x-x^*=x$，$\frac{\partial V}{\partial x}\Big|_{x^*,\mu}=\frac{\partial^2 V}{\partial x^2}\Big|_{x^*,\mu}=0$。

5.2.1 折叠突变(余维数为1)

不妨设

$$V(x,\mu)=\frac{1}{3}x^3+\mu x \tag{5.2}$$

当 $x=0,\mu=0$ 时，满足 $\frac{\partial V}{\partial x}=\frac{\partial^2 V}{\partial x^2}=0$,这样方程(5.1)变为

$$\dot{x}=-\frac{\partial V}{\partial x}=-x^2-\mu,\quad \frac{\partial^2 V}{\partial x^2}=2x$$

当 $\mu<0$，$x_1^*=-\sqrt{-\mu}$，不稳定;$x_2^*=\sqrt{-\mu}$,稳定。

当 $\mu>0$，无平衡点。

这样,当 μ 从 $0^-\nearrow 0^+$,稳定的 x_2^* +不稳定的 $x_1^*\Rightarrow$平衡点消失,可视为稳定与不稳定平衡点折叠到消失,称为**折叠突变**(见图5.2)。由图5.3可知,当 μ 从 0^- 变到 0^+ 时,极小点的位置从 $\sqrt{-\mu}$ 变到 $-\infty$,也是一种突变。

当然也可用 $V(x)=\frac{1}{3}x^3+\mu x^2$ 代替式(5.2)，但由于

$$\frac{1}{3}x^3+\mu x^2=\frac{1}{3}(x+\mu)^3-\mu^2(x+\mu)+\frac{2}{3}\mu^3$$

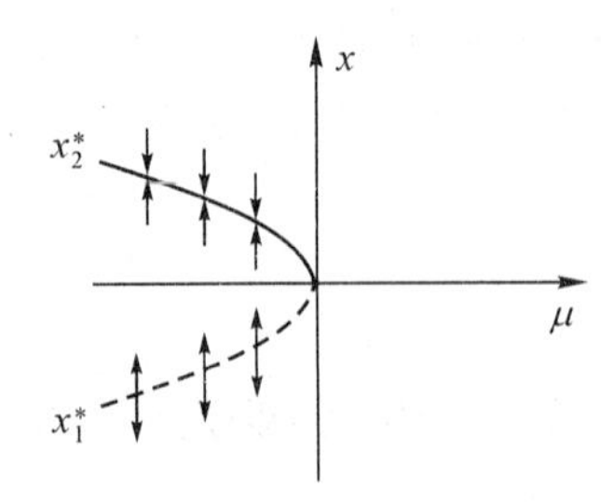

图 5.2　对应势函数式(5.2)的平衡点图

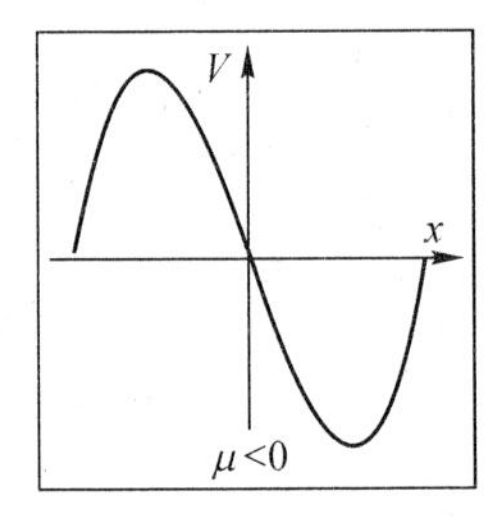

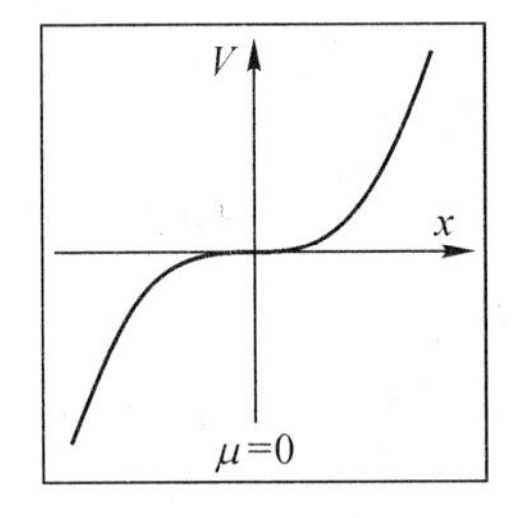

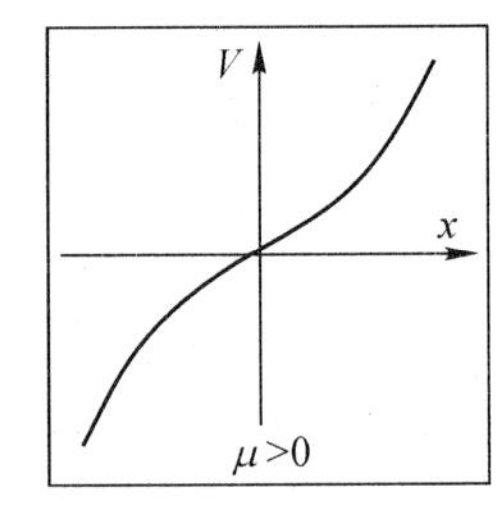

图 5.3　势函数式(5.2)的图像

所以可以通过变量变换和参数变换归结到(5.2)式(差一常数,不影响系统方程。)。

5.2.2　尖点突变(余维数为 2)

$$V(x,\mu_1,\mu_2)=\frac{1}{4}x^4+\frac{1}{2}\mu_2 x^2+\mu_1 x \tag{5.3}$$

是余维数为 2 的势能,称为**尖点突变**。这样,式(5.1) 变成

$$\dot{x}=-\frac{\partial V}{\partial x}=-x^3-\mu_2 x-\mu_1,\quad \frac{\partial^2 V}{\partial x^2}=3x^2+\mu_2$$

(1)μ_1＝常数($\mu_1=0$)(见图 5.4)

$$V=\frac{1}{4}x^4+\frac{1}{2}\mu_2 x^2$$

从而

$$\dot{x}=-\frac{\partial V}{\partial x}=-x^3-\mu_2 x \tag{5.4}$$

$$\frac{\partial^2 V}{\partial x^2}=3x^2+\mu_2$$

平衡点:$\mu_2<0$,$x_1^*=0$ 不稳定,$x_{2,3}^*=\pm\sqrt{-\mu_2}$ 稳定;

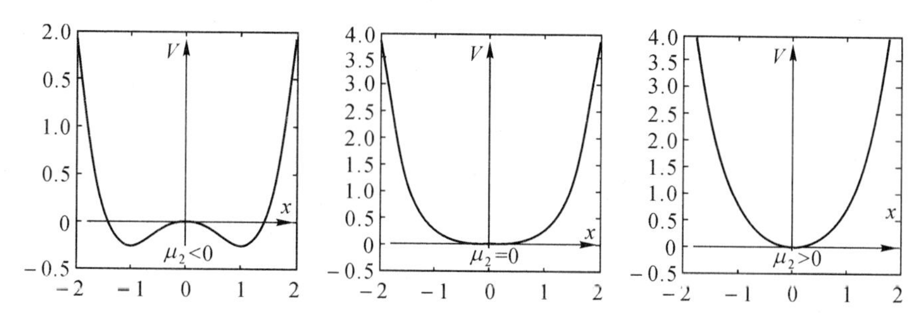

图 5.4 势函数(5.3) 图($\mu_1=0$)

$\mu_2>0, x_1^*=0$ 稳定。

突变处：$\frac{\partial V}{\partial x}=\frac{\partial^2 V}{\partial x^2}=0 \Rightarrow \mu_2=0$，所以 $\mu_2=0, x_1^*=0$ 是突变点(一种折叠突变),可视为两个稳定与一个不稳定平衡点折叠到一个稳定平衡点(见图 5.5)。

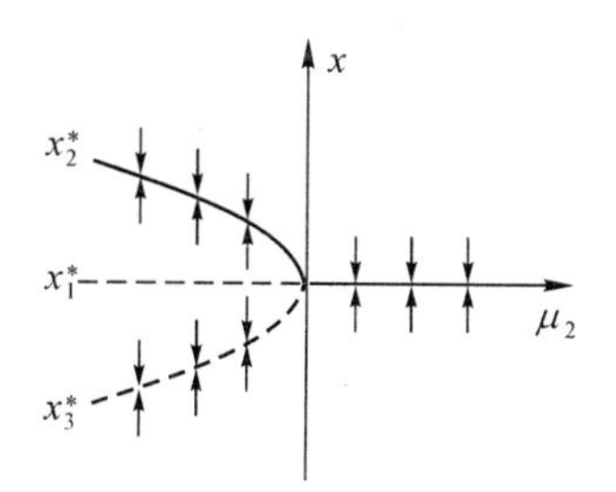

图 5.5 系统(5.4)平衡点图($\mu_1=0$)

(2)$\mu_2=$常数($\mu_2=-3$)

$$\dot{x}=-\frac{\partial V}{\partial x}=-x^3+3x-\mu_1 \tag{5.5}$$

$$\frac{\partial^2 V}{\partial x^2}=3x^2-3$$

平衡点:由 $-x^3+3x-\mu_1=0$ 的判别式

$$D=\left(\frac{p}{3}\right)^3+\left(\frac{q}{2}\right)^2=-1+\frac{1}{4}\mu_1^2$$

可得,当 $\mu_1^2>4$ 有一个实根，当 $\mu_1^2<4$ 有三个实根(见图 5.6)(见附录 2)。

这样，突变点为(x^*, μ_1^*)=($\pm1, \pm2$)。

如果开始时平衡点在上半平面($x^*>0$)(见图 5.7),当参数 μ_1 增加时平衡点会沿着曲线 l_1 移动,但当达到 P_1 位置后,继续增加 μ_1 会使得平衡

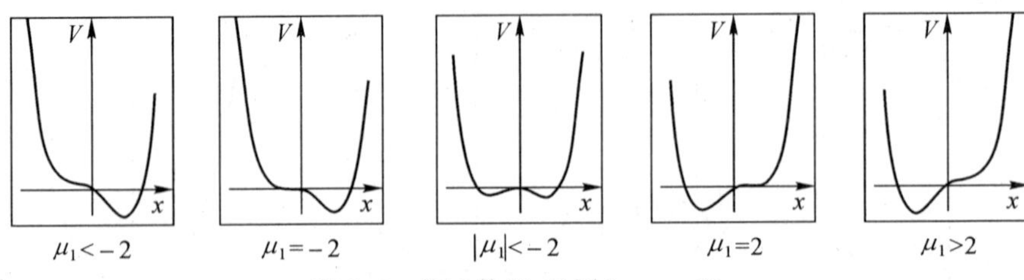

图 5.6　势函数(5.3)图($\mu_2=-3$)

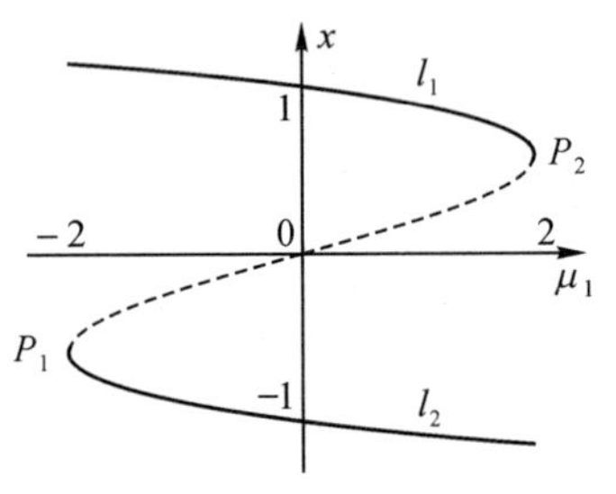

图 5.7　系统 5.5 平衡点图($\mu_2=-3$)

点跳到下半平面 l_2 上去($x^*<0$)，产生突变。当参数 μ_1 变化时，平衡点 P_1(P_2)会发生跳跃，跳跃有滞后性，称为**跳跃突变**。

这样，在一般情况下系统(5.3)的各种突变总结如图 5.8 所示。

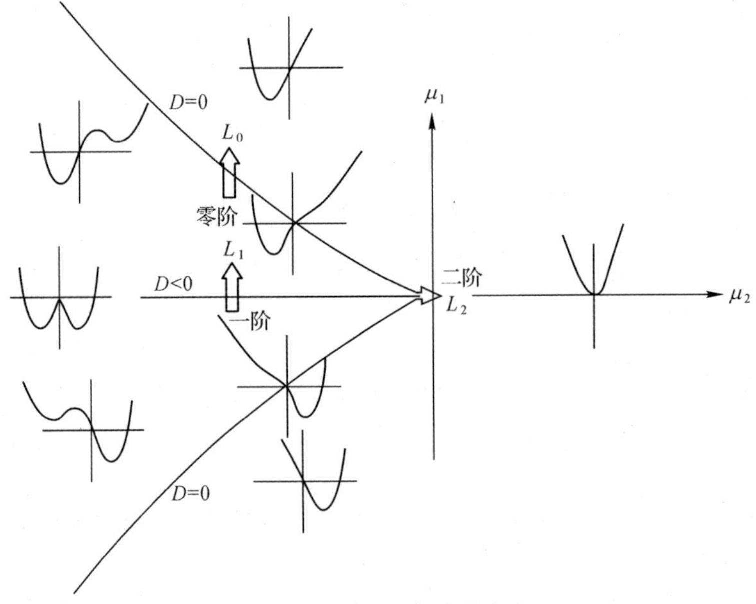

图 5.8　系统 5.3 的尖点突变

(3) $V(x,\mu_1,\mu_2)=\frac{1}{4}x^4+\frac{1}{2}\mu_2 x^2+\mu_1 x$

$$\frac{\partial V}{\partial x}=\frac{\partial^2 V}{\partial x^2}=0\Rightarrow\begin{cases}x^3+\mu_2 x+\mu_1=0\\3x^2+\mu_2=0\end{cases}\Rightarrow x=-\frac{3\mu_1}{2\mu_2},D=0 \tag{5.6}$$

这里 $D=\frac{1}{27}\mu_2^3+\frac{1}{4}\mu_1^2$ 刚好是三次方程的判别式(见附录 2)，$D=0$ 意味实根的个数发生了变化，这个变化为跳跃突变。此外 $\mu_1=0$：折叠突变。

例 5.1 一维非线性后屈曲问题。

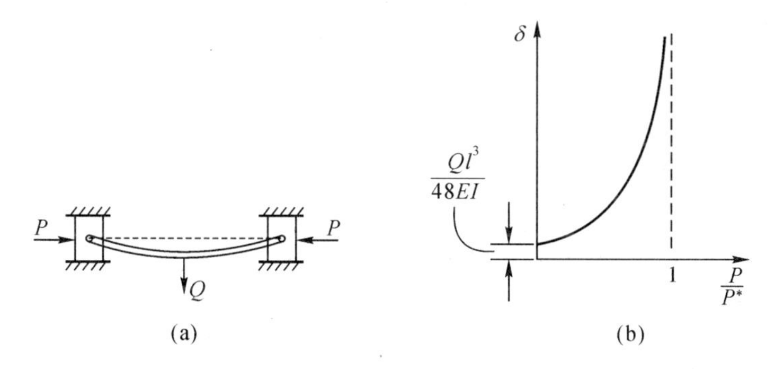

图 5.9 压杆在侧向力作用下的平衡

当压杆在侧向力作用下的中央挠度 δ(见图 5.9(a))，按线性理论

$$EI\,\frac{\mathrm{d}^2 w}{\mathrm{d}x^2}+Pw+\frac{1}{2}Qx=0,\quad x<\frac{l}{2}$$

$$w(0)=0,\quad w'\left(\frac{1}{2}l\right)=0$$

可计算得

$$\delta=w\left(\frac{1}{2}l\right)=\frac{Q\tan\frac{1}{2}l\sqrt{\frac{P}{EI}}}{2P\sqrt{\frac{P}{EI}}}-\frac{Ql}{4P}$$

它与 $\frac{P}{P^*}$ 之间的关系如图 5.9(b)所示，这里 $P^*=\frac{\pi^2 EI}{l^2}$ 是欧拉临界力。当 P 超过 P^*，即出现后屈曲时，线性理论不会给出什么结果。

为了考虑后屈曲行为，我们将压杆简化为下列一维非线性系统(见图 5.10)，这里折合的弹簧刚度系数 $k=\frac{3EI}{l}$(见习题 5.3)。

系统的总势能为

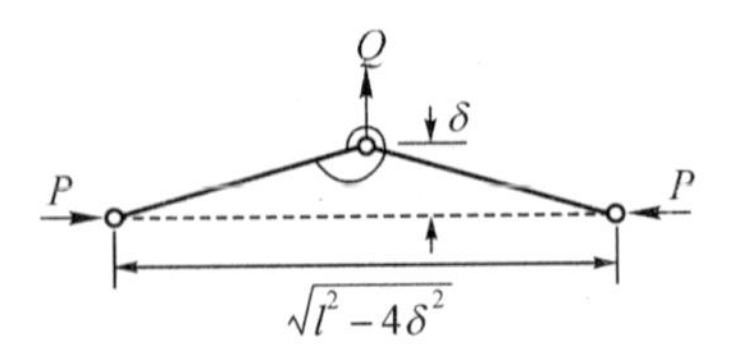

图 5.10　压杆简化为一维系统

$$V(\delta)=P\sqrt{l^2-4\delta^2}+\frac{1}{2}k\left(\frac{2\arcsin 2\delta}{l}\right)^2-Q\delta \tag{5.7}$$

平衡位置由 $V'(\delta)=0$ 得到，由此可得($P^*=\frac{4k}{l}$)

$$\frac{P}{P^*}=\frac{\arcsin\frac{2\delta}{l}}{\frac{2\delta}{l}}-\frac{\sqrt{1-4\left(\frac{\delta}{l}\right)^2}}{4\left(\frac{\delta}{l}\right)}\frac{Q}{P^*} \tag{5.8}$$

由图 5.11 可以看到，当 $Q(\neq 0)$固定、轴力 P 变化时，系统会出现单向跳跃突变(单参数)。

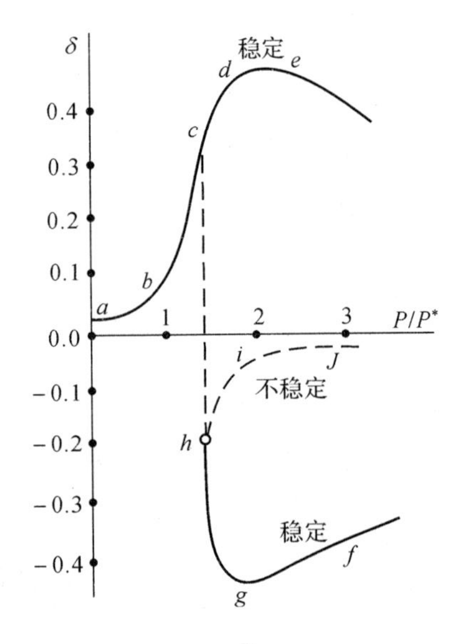

图 5.11　δ 与 $\frac{P}{P^*}$ 之间的关系

现考虑两参数(P,Q)系统。将(5.7)式展成 δ 的幂级数($x=\frac{\delta}{l}$，保留到 4 次项)

$$V(x)=Pl-Qlx+(8k-2Pl)x^2+\left(\frac{32}{3}k-2Pl\right)x^4$$

$$=Pl+C\left(\frac{1}{4}x^4+\frac{1}{2}\lambda x^2+\mu x\right) \tag{5.9}$$

式中

$$C=\frac{128}{3}k-8Pl,\lambda=\frac{2(8k-2Pl)}{C},\mu=-\frac{Ql}{C}$$

这样,一维非线性后屈曲问题化为已讨论过的二参数的尖点突变问题(5.3)。

类似地,可以得到余维数为3、4的通用扩展。

余维数3:$V(x)=\frac{1}{5}x^5+\frac{1}{3}\mu_3x^3+\frac{1}{2}\mu_2x^2+\mu_1x$ (燕尾突变)

余维数4:$V(x)=\frac{1}{6}x^6+\frac{1}{4}\mu_4x^4+\frac{1}{3}\mu_3x^3+\frac{1}{2}\mu_2x^2+\mu_1x$ (蝴蝶突变)

5.3 相变(尖点突变的应用)

非理想气体平衡时满足的范德瓦尔(Van der Wall)状态方程为

$$\left(p+\frac{a}{v^2}\right)(v-b)=RT \tag{5.10}$$

这里 p、v 分别是压力和体积(状态变量),a、b、R、T 是系统参数。

取 $x=\frac{3b}{v}-1$ 代替变量 v,则上式变为

$$x^3+\mu_2x+\mu_1=0 \tag{5.11}$$

这里

$$\mu_1=\frac{2}{3}\left[4\left(\frac{T}{T_c}-1\right)-\left(\frac{p}{p_c}-1\right)\right],\mu_2=\frac{1}{3}\left[8\left(\frac{T}{T_c}-1\right)+\left(\frac{p}{p_c}-1\right)\right]$$

$$T_c=\frac{8a}{27bR},\ p_c=\frac{a}{27b}$$

显然式(5.11)是尖点突变的平衡方程。我们用上述方程来讨论水的气相和液相的变化。

5.3.1 零阶相变

考虑图5.8中跨越 $D=0$ 的相变。此时(设 $\mu_2<0,\mu_1>0$)

$$D=\left(\frac{\mu_2}{3}\right)^3+\left(\frac{\mu_1}{2}\right)^2\approx 0,\ \mu_1=-\frac{2\mu_2}{3}\sqrt{\frac{-\mu_2}{3}}$$

代入平衡方程(5.11)得

$$x^3+\mu_2 x-\frac{2\mu_2}{3}\sqrt{\frac{-\mu_2}{3}}=0 \tag{5.12}$$

此方程有两个不同的根(一个为重根),其中重根为

$$x_{D=0^-}=\sqrt{\frac{-\mu_2}{3}},\ V(x_{D=0^-})=\frac{1}{12}\mu_2^2$$

是极小点,进一步分析表明,它可被视为从 $D<0$ 一侧连续延伸到 $D=0$ 上来;另一根可视为从 $D>0$ 一侧连续延伸过来,亦为极小点,

$$x_{D=0^+}=-2\sqrt{\frac{-\mu_2}{3}},\ V(x_{D=0^+})=\frac{2}{3}\mu_2^2$$

对应的位势差为

$$\Delta V=V_{D=0^+}-V_{D=0^-}=\frac{7}{12}\mu_2^2$$

这样,当参数跨越 $D=0$ 时,V 产生跳跃突变。

结论:经过 $D=0$ 时,位势发生了间断(突变),有滞后现象。由于位势 V 是 x 的连续函数,所以 x(体积 v 的函数)也发生了突变,即相变。

5.3.2 一阶相变

在 $D<0$ 的区域的中心线上($\mu_1=0,\mu_2<0$),此时有

$$V_{\mu_1=0^-}=V_{\mu_1=0^+}$$

但 $\left.\frac{\partial V}{\partial \mu_1}\right|_{\mu_1=0^-}\neq\left.\frac{\partial V}{\partial \mu_1}\right|_{\mu_1=0^+}$(这里均指的是势能达到最小的平衡点)。

$$x_{\mu_1=0^-}=\sqrt{-\mu_2},\ V_{\mu_1=0^-}=-\frac{1}{4}\mu_2^2,\ \left.\frac{\partial V}{\partial \mu_1}\right|_{\mu_1=0^-}=\sqrt{-\mu_2}$$

$$x_{\mu_1=0^+}=-\sqrt{-\mu_2},\ V_{\mu_1=0^+}=-\frac{1}{4}\mu_2^2,\ \left.\frac{\partial V}{\partial \mu_1}\right|_{\mu_1=0^+}=-\sqrt{-\mu_2}$$

在一阶相变中,位势 V 是连续的(无滞后现象),但是一阶导数 $\frac{\partial V}{\partial \mu_1}$ 是间断的。

5.3.3 二阶相变

$$\mu_1=0,\ \mu_2:0^-\nearrow 0^+$$

此时 V 和$\frac{\partial V}{\partial \mu_2}$连续，但是$\frac{\partial^2 V}{\partial \mu_2^2}$不连续，两边的差值为 $\Delta \frac{\partial^2 V}{\partial \mu_2^2}=\frac{1}{2}$。

实际中水的气液相变都是一阶和二阶的，而无零阶相变。所以实际水的气液相变中，我们并没有看到体积滞后现象，而液态水沸腾的温度和水汽凝结的温度是一样的。

5.4 突变的规则

1. 拖延规则

在图 5.8 中路线 L_0 通过 $D=0$ 线发生的突变，有滞后效应，即尽管出现新的极小点，但一直要拖延到原先的极小点消失，才跳跃到新的极小点，如图 5.12(a)所示。

2. Maxwell 规则

在图 5.8 中路线 L_1、L_3 通过 $\mu_1=0$ 线发生的突变，其质点总是处在整个系统位势最小的位置上，此时系统连续变化时，位置也是连续变化的，如图 5.12(b)所示。Maxwell 规则无滞后效应。

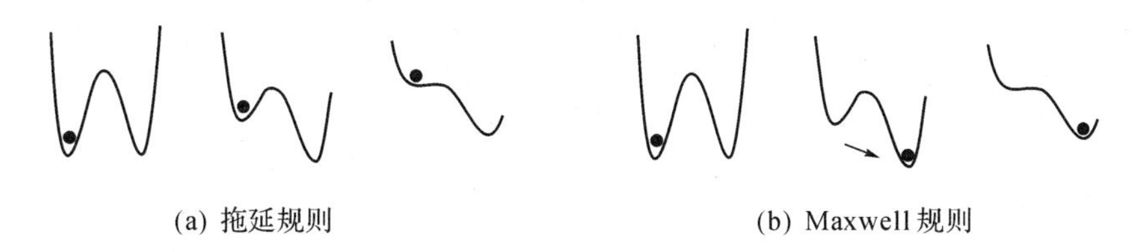

(a) 拖延规则　　(b) Maxwell 规则

图 5.12 尖点突变的两种规则

习题

5.1 比较突变和分支定义，什么样的分支可能出现突变？

5.2 式(5.3)中，若 μ_1 是常数，证明可以通过函数变换，使得 $\mu_1=0$。

5.3 用应变能等效方法，证明例 5.1 中折合的弹簧刚度系数 $k=\frac{3EI}{l^2}$。

5.4 计算上例中突变点的位置(图 5.11 中的 h 点)。

5.5　列表总结各类突变发生的条件。

5.5　证明：二阶相变中 $\Delta \dfrac{\partial^2 V}{\partial \mu_2^2} = \dfrac{1}{2}$。

5.6　举例说明突变的两个规则。

第6讲　单自由度力学系统的自由振动

第6、7两讲主要把前面几讲所介绍的内容应用到力学系统上去，重点研究三个典型的问题：单摆运动、Duffing振子和Van der Pol振子。

6.1　单自由度系统

6.1.1　简单的保守系统

简单保守系统为

$$\ddot{x}=f(x) \tag{6.1}$$

这里 $f(x)=-V'(x)$ 为作用力，它的运动状态可用相平面 $(x,\dot{x})$ 上的轨线表示，如图6.1所示。图中 $(b,0)$ 是中心，$(a,0)$ 是鞍点，$(c,0)$ 是高阶奇点。显然，不同的初始条件得到不同的轨线。

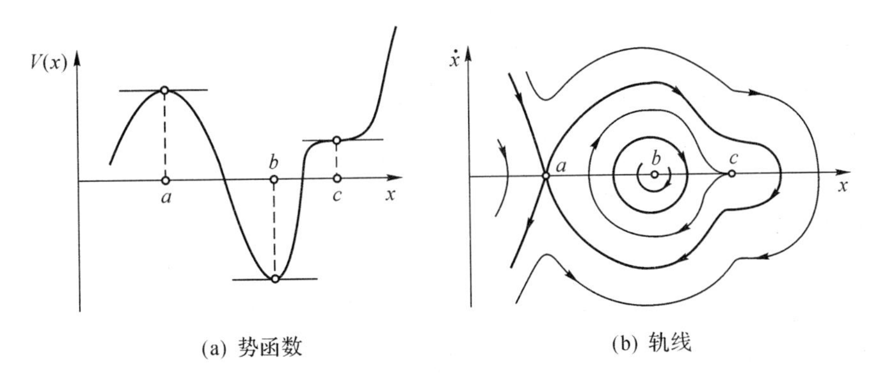

(a) 势函数　　(b) 轨线

图6.1　势函数和轨线

在稳定平衡位置 $x=\xi$ 附近的微振动 $(V''(\xi)>0)$ 可用线性化理论分析

$$\frac{\mathrm{d}^2}{\mathrm{d}t^2}(x-\xi)+V''(\xi)(x-\xi)\approx 0$$

表现为频率为$\sqrt{V''(\xi)}$的简谐振动，与振幅无关。但如果考虑非线性，则可将式(6.1)乘以 $\mathrm{d}x$，然后积分得到

$$\frac{1}{2}\dot{x}^2+V(x)=h \tag{6.2}$$

式中 h 是积分常数。从而振动周期为

$$T=\sqrt{2}\int_{x_1}^{x_2}\frac{\mathrm{d}x}{\sqrt{h-V(x)}} \tag{6.3}$$

与振幅有关。式中：x_1、x_2 为轨线与 x 轴的交点（见图 6.2）；$h=V(x_1)=V(x_2)$是系统的总能量。

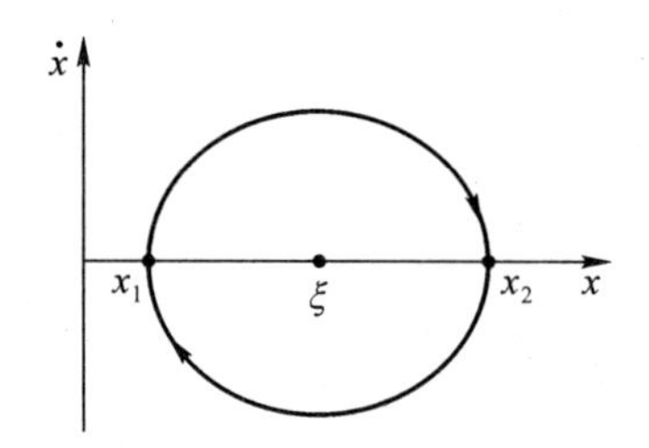

图 6.2　相平面$(x,\dot{x})$上的轨线（周期运动）

系统(6.1)的轨线可从式(6.2) 得到

$$\frac{1}{2}y^2+V(x)=H$$

这里 $y=\dot{x}$。以后为方便起见，假定 $x=0$ 是稳定平衡点。H 称为哈密顿（函数），对于保守系统来说，沿轨线 H 是一常数。

例 6.1　含有一个稳定平衡点的系统为

$$\ddot{x}+x-x^2=0$$

其平衡点为 $x=0$ 和 $x=1$，其中 $x=1$ 是不稳定平衡点。记 $y=\dot{x}$，则其在相平面上的轨线为（见图 6.3）

$$y^2+x^2-\frac{2}{3}x^3=C$$

当 $C=\frac{1}{3}$时，轨线为过奇点 $A(1,0)$的分型线，它把相平面分成三个区域：区域 1 为周期运动，区域 2、3 为非周期运动区域。

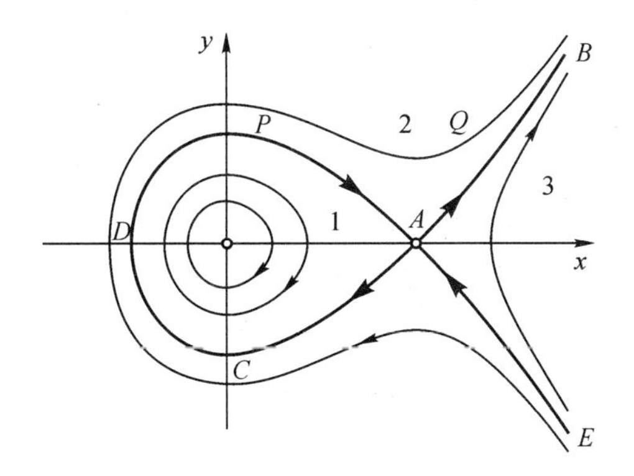

图 6.3　例 6.1 的轨线

6.1.2　单自由度(二阶)系统的分类

一般单自由度力学系统可写成

$$\ddot{x}+F(x,\dot{x},t)=0 \tag{6.4}$$

如果 $H=H(x,\dot{x},t)$ 是系统(6.4)的哈密尔顿函数(广义能量)，满足

$$\frac{\mathrm{d}H}{\mathrm{d}t}\leqslant 0$$

则称该系统为**耗散系统**。

按照物理概念，该系统可分为以下几种情况(列在表 6.1 中)，每种情况用一简单的典型方程例示。

表 6.3　单自由度力学系统分类

		线性系统例	非线性系统例
保　守		$\ddot{x}+x=0$ $\ddot{x}-x=0$	$\ddot{x}+x\pm x^3=0$ $\ddot{x}-x\pm x^3=0$
非保守，没有外来周期力	耗散	$\ddot{x}+\lambda\dot{x}\pm x=0,\lambda>0$	$\ddot{x}+\lambda\dot{x}\pm x\mp x^3=0,\lambda>0$
	负阻尼	$\ddot{x}+\lambda\dot{x}\pm x=0,\lambda<0$	$\ddot{x}+\lambda\dot{x}\pm x\mp x^3=0,\lambda<0$
	变阻尼		$\ddot{x}+\lambda(x^2-1)\dot{x}=0$
非保守，受到外来周期力		$\ddot{x}+\lambda\dot{x}+x=f\cos\omega t$	$\ddot{x}+\lambda\dot{x}+x\pm x^3=f\cos\omega t$ $\ddot{x}+\lambda(x^2-1)\dot{x}+x=f\cos\omega t$

6.2 单摆运动

如果式(6.1)中的力(x 换成 θ)可写成 $f(\theta)=-\omega_0^2\sin\theta,\omega_0^2=\frac{g}{l}$,则

$$\ddot{\theta}+\omega_0^2\sin\theta=0 \tag{6.5}$$

为无阻尼的单摆运动方程。这里单摆指由刚性杆(质量可忽略)和小球(可视为集中质量)组成组件。

6.2.1 线性化

当 $|\theta|\ll 1$ 时,$\sin\theta\approx\theta$,这时方程(6.5)可写成

$$\ddot{\theta}+\omega_0^2\theta=0 \tag{6.6}$$

其解为

$$\theta=A\sin(\omega_0 t+\alpha)$$

这里 A、α 是积分常数,可由初始条件决定。

将方程(6.6)写成一阶方程组的形式

$$\begin{cases}\dot{\theta}=\omega\\ \dot{\omega}=-\omega_0^2\theta\end{cases} \tag{6.7}$$

则在相平面(θ,ω)上,轨线满足

$$\frac{1}{2}\omega^2+\frac{1}{2}\omega_0^2\theta^2=H$$

这里 H 是积分常数。显然,相平面上的轨线族是以原点为中心的椭圆周期运动,所以(0,0)是中心点。这一点也可以通过直接求解方程组(6.7)的特征值($\lambda_{1,2}=\pm\omega_0\mathrm{i}$)得到。

6.2.2 非线性方程

$$\begin{cases}\dot{\theta}=\omega\\ \dot{\omega}=-\omega_0^2\sin\theta\end{cases} \tag{6.8}$$

的轨线方程为

$$\frac{\mathrm{d}\omega}{\mathrm{d}\theta}=-\frac{\omega_0^2\sin\theta}{\omega}$$

从而

$$\frac{1}{2}\omega^2+\omega_0^2(1-\cos\theta)=H=K+T \tag{6.9}$$

这里 $K=\frac{1}{2}\omega^2$ 为动能，$T=\int_0^\theta \omega_0^2\sin\theta\mathrm{d}\theta=\omega_0^2(1-\cos\theta)$ 为势能。

对应的 Hamilton 正则方程为

$$\dot{\theta}=\frac{\partial H}{\partial \omega},\ \dot{\omega}=-\frac{\partial H}{\partial \theta} \tag{6.10}$$

其定常解($\dot{\theta}=\dot{\omega}=0$)为(0,0)、(−π,0)、(π,0)，它们是势能的驻定点，其中(0,0)为稳定的(中心)，其余为不稳定的(鞍点)(见图 6.4)。

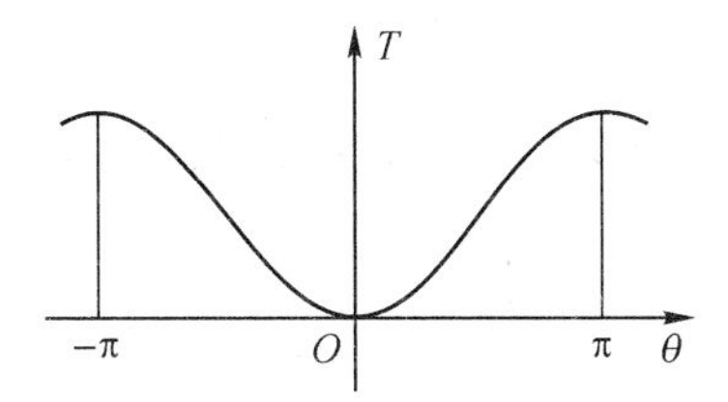

图 6.4　势能 V 图

记 $H=2\omega_0^2m^2$，则由式(6.9) 可得

$$\dot{\theta}^2=\omega^2=4\omega_0^2\left(m^2-\sin^2\frac{\theta}{2}\right) \tag{6.11}$$

1. $H<2\omega_0^2$ ($m^2<1$)

从式(6.11) 可得 $|\theta|\leqslant\theta_{max}=\alpha$，$\alpha=2\arcsin m$，此时为往复摆动。作变量代换

$$\sin\frac{\theta}{2}=m\sin\varphi \tag{6.12}$$

这里 $-\alpha\leqslant\theta\leqslant\alpha$，从而 $-\frac{\pi}{2}\leqslant\varphi\leqslant\frac{\pi}{2}$。对式(6.12) 两边求导

$$\dot{\theta}\cos\frac{\theta}{2}=2m\dot{\varphi}\cos\varphi$$

$$\dot{\theta}=\frac{2m\dot{\varphi}\cos\varphi}{\cos\frac{\theta}{2}}=\frac{2m\cos\varphi}{\sqrt{1-m^2\sin^2\varphi}}\dot{\varphi}$$

并利用 (6.11)式和(6.12) 式 可得

$$\frac{2m\cos\varphi}{\sqrt{1-m^2\sin^2\varphi}}\frac{\mathrm{d}\varphi}{\mathrm{d}t}=\dot{\theta}=2m\omega_0\cos\varphi$$

从而

$$\omega_0 t = \int_0^{\varphi} \frac{\mathrm{d}\varphi}{\sqrt{1 - m^2 \sin^2 \varphi}}$$

将 $\varphi=\frac{\pi}{2}, t=\frac{T}{4}$ 代入上式

$$T = \frac{4}{\omega_0}\int_0^{\frac{\pi}{2}} \frac{\mathrm{d}\varphi}{\sqrt{1 - m^2 \sin^2 \varphi}} = \frac{4}{\omega_0}K(m)$$

这里

$$K(m) = \int_0^{\frac{\pi}{2}} \frac{\mathrm{d}\varphi}{\sqrt{1 - m^2 \sin^2 \varphi}}$$

为椭圆函数。当 $|\alpha| \ll 1(m \ll 1)$ 时可以线性化，此时 $T_0=\frac{2\pi}{\omega_0}$，从而

$$\lim_{m\to 0}\frac{T}{T_0}=\lim_{m\to 0}\frac{2K(m)}{\pi}=1$$

2. $H>2\omega_0^2(m^2>1)$

此时为旋转运动。作变量代换

$$\sin\varphi=\sin\frac{\theta}{2}$$

则可由(6.11)式得到，当 $0<\varphi<\frac{\pi}{2}(0<\theta<\pi)$ 时

$$\dot{\theta}=2\omega_0 m\sqrt{1-m^{-2}\sin^2\varphi},\quad \dot{\theta}=2\dot{\varphi}$$

从而

$$m\omega_0 t = \int_0^{\varphi} \frac{\mathrm{d}\varphi}{\sqrt{1 - m^{-2} \sin^2 \varphi}}$$

设旋转一周所需时间为 T，则在上式中取 $\varphi=\frac{\pi}{2}, t=\frac{T}{2}$，有

$$T=\frac{2K(m^{-1})}{m\omega_0}$$

3. $H=2\omega_0^2(m=1)$

此时式(6.11) 变成

$$\dot{\theta}^2=4\omega_0^2\cos^2\frac{\theta}{2}$$

当 $0<\theta<\pi$ 时

$$2\omega_0 t = \int_0^\theta \frac{d\theta}{\cos\dfrac{\theta}{2}} = \ln\frac{1+\sin\dfrac{\theta}{2}}{1-\sin\dfrac{\theta}{2}}$$

所以

$$\sin\frac{\theta}{2} = \text{th}\,\omega_0 t$$

这样，当 $t\to\infty$ 时，$\theta\to\pi$，$T\to\infty$。

综上所述，方程(6.8)的轨线如图 6.5 所示。

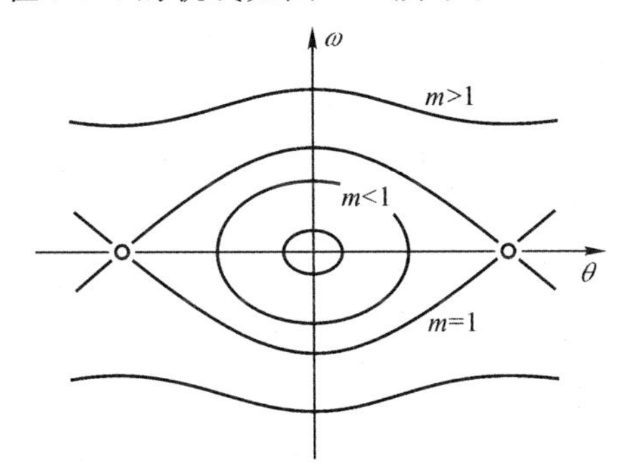

图 6.5　单摆无阻尼运动的相图

6.2.3　有阻尼情形(耗散系统)

$$\ddot{\theta}+2\mu\dot{\theta}+\omega_0^2\sin\theta=0 \tag{6.13}$$

1. 线性化($|\theta|\ll 1$)

$$\ddot{\theta}+2\mu\dot{\theta}+\omega_0^2\theta=0 \tag{6.14}$$

对应的特征方程为

$$s^2+2\mu s+\omega_0^2=0$$

其特征根为

$$s=-\mu\pm\sqrt{\mu^2-\omega_0^2}$$

若 $\mu>\omega_0$ 则为强阻尼；$\mu<\omega_0$ 为弱阻尼，即有衰减的振动；$\mu=\omega_0$ 为临界阻尼。

相平面上轨线可由方程组

$$\begin{cases}\dot{\theta}=\omega\\ \dot{\omega}=-2\mu\omega-\omega_0^2\theta\end{cases}$$

导出

$$\frac{d\omega}{d\theta}=-\frac{2\mu\omega+\omega_0^2\theta}{\omega}$$

其 Hamilton 函数 $H=\frac{1}{2}\omega^2+\frac{1}{2}\omega_0^2\theta^2$ 满足

$$\begin{aligned}\frac{dH}{dt}&=\omega\dot{\omega}+\omega_0^2\theta\dot{\theta}\\&=\omega(-2\mu\omega-\omega_0^2\theta)+\omega_0^2\theta\dot{\theta}\\&=-2\mu\dot{\theta}^2\end{aligned}\tag{6.15}$$

方程(6.14)的解为($\theta|_{t=0}=0$)

(1)弱阻尼($\mu<\omega_0$)

$$\theta=Ae^{-\mu t}\sin\omega_1 t,\quad \omega_1=\sqrt{\omega_0^2-\mu^2}$$

(2)强阻尼($\mu>\omega_0$)

$$\theta=Ae^{-\mu t}\mathrm{sh}\omega_2 t,\quad \omega_2=\sqrt{\mu^2-\omega_0^2}$$

(3)临界阻尼($\mu=\omega_0$)

$$\theta=Ate^{-\mu t}$$

2. 非线性

$$\begin{cases}\dot{\theta}=\omega\\ \dot{\omega}=-2\mu\omega-\omega_0^2\sin\theta\end{cases}\tag{6.16}$$

方程(6.16)在 $|\theta|\leqslant\pi$ 的相平面(θ,ω)上有三个平衡点:$(0,0)$和$(\pm\pi,0)$(见图 6.6),我们可以在这三个平衡点附近将方程(6.13)线性化。

(1)对于平衡点$(\theta_1,0)$,在 $\theta_1=0$ 附近有

$$\ddot{\theta}+2\mu\dot{\theta}+\omega_0^2\theta=0$$

这时特征根为 $s=-\mu\pm\sqrt{\mu^2-\omega_0^2}$,从而

1)$\mu=0$: $s=\pm i\omega_0$,为中心;

2)$\mu^2<\omega_0^2$: $s=-\mu\pm i\omega_1$,$\omega_1=\sqrt{\omega_0^2-\mu^2}$,为焦点,$\mu>0$ 为稳定的,$\mu<0$ 为不稳定的;

3)$\mu^2>\omega_0^2$: $s=-\mu\pm\omega_2$,$\omega_2=\sqrt{\mu^2-\omega_0^2}$,为结点,$\mu>0$ 为稳定的,$\mu<0$ 为不稳定的。

(2)对于平衡点$(\theta_{2,3},0)$。在 $\theta_{2,3}=\pm\pi$ 附近有

$$\ddot{\tilde{\theta}}+2\mu\dot{\tilde{\theta}}-\omega_0^2\tilde{\theta}=0,\tilde{\theta}=\theta-\theta_{2,3}$$

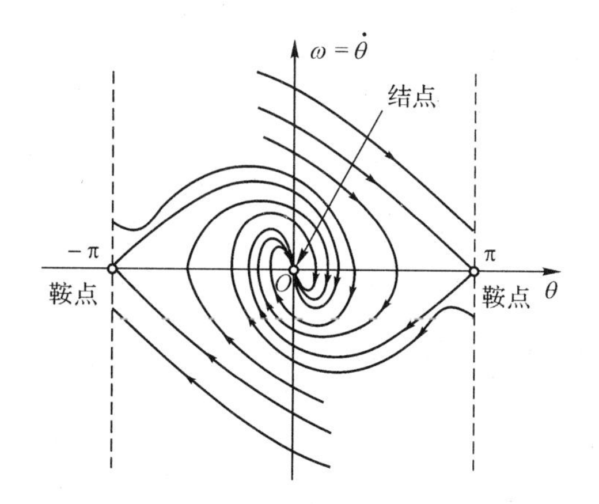

图 6.6 非线性单摆系统的强阻尼运动($\omega_0<\mu$)

这时特征根为 $s=-\mu\pm\sqrt{\mu^2+\omega_0^2}$,从而平衡点为鞍点。

6.3 Van der Pol 方程

式(6.17)称为 **Van der Pol 方程**(或振子)。

$$\ddot{x}+2\mu\left(\frac{x^2}{a_c^2}-1\right)\dot{x}+\omega_0^2x=0,\quad \mu>0 \tag{6.17}$$

该方程具有线性恢复力 ω_0^2x 和非线性变阻尼力 $2\mu\left(\frac{x^2}{a_c^2}-1\right)\dot{x}$。

6.3.1 方程解的定性性质

1. 方程的特性

当 $|x|<a_c$ 时,方程为负阻尼,即发散;当 $|x|>a_c$ 时,方程为正阻尼,收敛;当 $|x|=a_c$ 时,阻尼为 0,但运动(简谐)仍然在进行,无法固定在 $|x|=a_c$ 的某一点上,从而只可能出现周期解,即极限环。

2. 方程的相轨线

相轨迹方程

$$\begin{cases}\dot{x}=y \\ \dot{y}=-\omega_0^2 x-2\mu\left(\dfrac{x^2}{a_c^2}-1\right)y\end{cases} \tag{6.18}$$

只有一个平衡点(0,0)，但这点是不稳定的焦点(排斥子)。由式(6.18)可得

$$\frac{\mathrm{d}y}{\mathrm{d}x}=-\frac{\omega_0^2 x+2\mu\left(\dfrac{x^2}{a_c^2}-1\right)y}{y}$$

设系统的 Hamilton 函数仍为

$$H=\frac{1}{2}y^2+\frac{1}{2}\omega_0^2 x^2$$

则

$$\dot{H}=-2\mu\left(\frac{x^2}{a_c^2}-1\right)\dot{x}^2 \tag{6.19}$$

在相轨线上，(x,y)不断变化，$\dot{H}$也可以改变符号。下面寻找周期解，即使其平均能量保持不变的闭合轨道。

3. 弱阻尼的周期解($\mu \ll \omega_0$)

基本思想：当 $\mu=0$ 时总机械能 $H(t)=\text{const}$，从而当 $\mu \ll \omega_0$ 时可认为 $H(t)$变化很慢，当 x、$\dot{x}$ 对 $t\in\left(0,\dfrac{2\pi}{\omega_0}\right)$求平均时，$H(t)$基本不变。

(1)当 $\mu=0$ 时

$$x\big|_{t=0}=0 \Rightarrow x=A\sin\omega_0 t,\quad \dot{x}=A\omega_0\cos\omega_0 t$$

$$H_0=\frac{1}{2}\dot{x}^2+\frac{1}{2}\omega_0^2 x^2=\frac{1}{2}A^2\omega_0^2,\quad A=\frac{\sqrt{2H_0}}{\omega_0}$$

即

$$x=\frac{\sqrt{2H_0}}{\omega_0}\sin\omega_0 t,\quad \dot{x}=\sqrt{2H_0}\cos\omega_0 t$$

(2)当 $\mu\neq 0$ 但$\dfrac{\mu}{\omega_0}\ll 1$ 时

假定解可以用上述结果近似写成

$$x\approx\frac{\sqrt{2H}}{\omega_0}\sin\omega_0 t,\quad \dot{x}\approx\sqrt{2H}\cos\omega_0 t$$

不过这里 $H=H(t)$，但相比 $\sin\omega_0 t$ 和 $\cos\omega_0 t$ 可以认为变化很慢。代入 $\dot{H}$ 的表达式(6.19)得

$$\dot{H}=-2\mu\left(\frac{x^2}{a_c^2}-1\right)\dot{x}^2=-4\mu H(t)\left[\frac{2H(t)\sin^2\omega_0 t}{\omega_0^2 a_c^2}-1\right]\cos^2\omega_0 t$$

现在对 $t\in\left(0,\frac{2\pi}{\omega_0}\right)$求上式的平均。由于 H 变化很慢，所以在积分中 H 和 $\dot{H}$ 可视为常数：

$$\dot{H}=\frac{-\frac{8\mu H^2}{\omega_0^2 a_c^2}\int_0^{\frac{2\pi}{\omega_0}}\sin^2\omega_0 t\cos^2\omega_0 t\mathrm{d}t+4\mu H\int_0^{\frac{2\pi}{\omega_0}}\cos^2\omega_0 t\mathrm{d}t}{\frac{2\pi}{\omega_0}}$$

$$=-2\mu H\left(\frac{H}{\overline{H}_0}-1\right)$$

$$\overline{H}_0=2\omega_0^2 a_c^2$$

这样，H 有两个定态解：

$$H=0,\quad H=\overline{H}_0=2\omega_0^2 a_c^2$$

当 $H=0$ 时，$\Delta\dot{H}\approx 2\mu\Delta H$，是不稳定的 $(\mu>0)$。

当 $H=\overline{H}_0$ 时，$\Delta\dot{H}\approx -2\mu\Delta H$，是稳定的$(\mu>0)$，此时

$$\frac{1}{2}\omega_0^2 x^2+\frac{1}{2}\dot{x}^2=2\omega_0^2 a_c^2=\overline{H}_0$$

是(稳定)周期解，这在相平面上表示为一个椭圆：

$$\left(\frac{x}{2a_c}\right)^2+\left(\frac{\dot{x}}{2\omega_0 a_c}\right)^2=1$$

(3)当 $\mu<0$ 时，(0,0)是稳定的焦点，而 $H=\overline{H}_0$ 为不稳定的解。

图 6.7 给出了系统$\ddot{x}+\mu(x^2-1)\dot{x}+x=0$ 的相图。

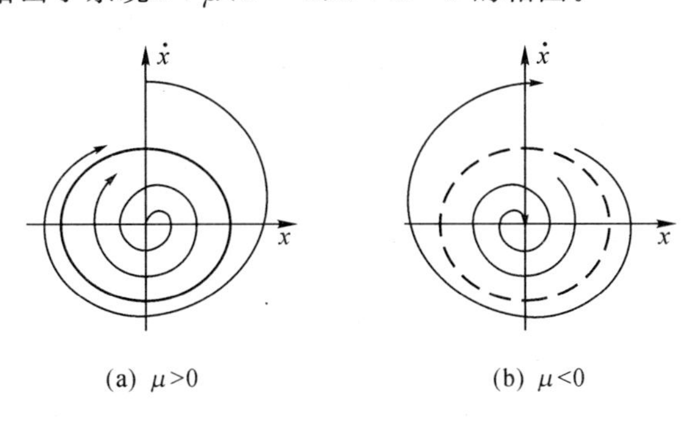

图 6.7 $\ddot{x}+\mu(x^2-1)\dot{x}+x=0$ 的相图

6.3.2 奇异摄动法(多尺度)和方程(6.17)的近似解

奇异摄动法(多尺度)和方程(6.17)的近似解详见附录1。

记 $\varepsilon=\dfrac{2\mu}{\omega_0}\ll 1$,从而方程(6.17)变为

$$\frac{\mathrm{d}^2x}{\mathrm{d}t^2}+\omega_0^2x=\varepsilon\left(1-\frac{x^2}{a_c^2}\right)\omega_0\frac{\mathrm{d}x}{\mathrm{d}t} \tag{6.20}$$

假定

$$T_0=t,T_1=\varepsilon t,\cdots$$

显然对同一 Δt,$\Delta T_1\ll\Delta T_0$ 等是不同尺度的。若将函数写成 $T_0,T_1,\cdots$ 的函数,则

$$\frac{\mathrm{d}}{\mathrm{d}t}=\frac{\partial}{\partial T_0}+\varepsilon\frac{\partial}{\partial T_1}+\cdots$$

设

$$x=x_0(T_0,T_1,\cdots)+\varepsilon x_1(T_0,T_1,\cdots)+\cdots$$

代入方程(6.20)得

$$\left[\left(\frac{\partial}{\partial T_0}+\varepsilon\frac{\partial}{\partial T_1}+\cdots\right)^2+\omega_0^2\right](x_0+\varepsilon x_1+\cdots)$$

$$=\varepsilon\left[1-\left(\frac{x_0+\varepsilon x_1+\cdots}{a_c}\right)^2\right]\omega_0\left(\frac{\partial}{\partial T_0}+\varepsilon\frac{\partial}{\partial T_1}+\cdots\right)(x_0+\varepsilon x_1+\cdots)$$

比较 ε^0,ε^1 项得

$$\varepsilon^0:\ \frac{\partial^2x_0}{\partial T_0^2}+\omega_0^2x_0=0$$

$$\varepsilon^1:\ \frac{\partial^2x_1}{\partial T_0^2}+\omega_0^2x_1=\left(1-\frac{x_0^2}{a_c^2}\right)\omega_0\frac{\partial x_0}{\partial T_0}-2\frac{\partial^2x_0}{\partial T_0\partial T_1}$$

由 ε^0 对应方程可解得

$$x_0=A(T_1,\cdots)\cos\left[\omega_0T_0+\theta_0(T_1,\cdots)\right]$$

代入 ε^1 对应方程

$$\frac{\partial^2x_1}{\partial T_0^2}+\omega_0^2x_1=\left[2\omega_0\frac{\partial A}{\partial T_1}-\omega_0^2A\left(1-\frac{A^2}{4a_c^2}\right)\right]\sin(\omega_0T_0+\theta_0)$$

$$+2\omega_0A\frac{\partial\theta_0}{\partial T_1}\cos(\omega_0T_0+\theta_0)+\frac{A^3\omega_0^2}{4a_c^2}\sin 3(\omega_0T_0+\theta_0)$$

为了不使 x_1 的解发散(即不产生共振),则必须有

$$2\omega_0\frac{\partial A}{\partial T_1}-\omega_0^2A\left(1-\frac{A^2}{4a_c^2}\right)=0,\quad\frac{\partial\theta_0}{\partial T_1}=0$$

即

$$\frac{\partial A^2}{\partial T_1}=\omega_0 A^2\left(1-\frac{A^2}{4a_c^2}\right),\ \frac{\partial\theta_0}{\partial T_1}=0$$

利用 $T_1=\varepsilon t=\frac{2\mu}{\omega_0}t$，上述第一式有（略去 T_2，T_3，…等高阶量）

$$\frac{\mathrm{d}A^2}{A^2\left(1-\frac{A^2}{4a_c^2}\right)}=2\mu\mathrm{d}t$$

当 $A|_{t=0}=A_0$ 时，有

$$A=\frac{A_0\mathrm{e}^{\mu t}}{\sqrt{1+\frac{A_0^2}{4a_c^2}(\mathrm{e}^{2\mu t}-1)}}$$

从而 Van der Pol 方程的解为

$$x=\frac{A_0\mathrm{e}^{\mu t}}{\sqrt{1+\frac{A_0^2}{4a_c^2}(\mathrm{e}^{2\mu t}-1)}}\cos(\omega_0 t+\theta_0)+O(\varepsilon)$$

当 $t\to\infty$ 时，

$$x\approx 2a_c\cos(\omega_0 t+\theta_0),\ \dot{x}\approx-2\omega_0 a_c\sin(\omega_0 t+\theta_0)$$

即在相平面上

$$H=\frac{1}{2}\dot{x}^2+\frac{1}{2}\omega_0^2x^2=2\omega_0^2a_c^2=\overline{H}_0$$

6.4 Duffing 方程的自由振动

6.4.1 无阻尼的自由振动

$$\mu=0$$

$$\ddot{x}+\omega_0^2x+\varepsilon\beta_0^2x^3=0 \tag{6.21}$$

其相应的 Hamilton 函数为

$$H=\frac{1}{2}\dot{x}^2+\frac{1}{2}\omega_0^2x^2+\frac{1}{4}\varepsilon\beta_0^2x^4$$

写成正则形式

$$\begin{cases}\dot{x}=y=\dfrac{\partial H}{\partial y}\\ \dot{y}=-\omega_0^2x-\varepsilon\beta_0^2x^3=-\dfrac{\partial H}{\partial x}\end{cases}$$

1. Jacobi 椭圆函数

记 $z=\int_0^{\varphi}\frac{d\varphi}{\sqrt{1-m^2\sin^2\varphi}}=F(m,\varphi)$ 为含参数 m 的椭圆积分，其反函数

$$\varphi=F^{-1}(m,z)=am(z,m)$$

定义为 **Jacobi 椭圆振幅函数。**

取 $w=\sin\varphi$，则定义

$w=\sin\varphi=\sin am(z,m)=\mathrm{sn}(z,m)$ 为 Jacobi 为椭圆正弦函数

$w=\cos\varphi=\cos am(z,m)=\mathrm{cn}(z,m)$ 为 Jacobi 为椭圆余弦函数

在椭圆积分中将 φ 代换为 w：先令 $w=\sin\phi$，则 $dw=\cos\varphi d\varphi$，所以

$$z=\int_0^w\frac{dw}{\cos\varphi\sqrt{1-m^2\sin^2\varphi}}=\int_0^w\frac{dw}{\sqrt{(1-w^2)(1-m^2w^2)}}$$

$$=\mathrm{sn}^{-1}(w,m)$$

同理，当 $w=\cos\varphi$ 时，

$$z=\int_1^w\frac{dw}{(-\sin\varphi)\sqrt{1-m^2\sin^2\varphi}}=\int_w^1\frac{dw}{\sqrt{(1-w^2)(1-m^2+m^2w^2)}}$$

$$=\mathrm{cn}^{-1}(w,m)$$

可以证明，$x=A\mathrm{cn}(\omega t,m)$ 满足

$$\ddot{x}+\omega^2x=2\omega^2m^2x\left(1-\frac{x^2}{A^2}\right)\tag{6.22}$$

而 $x=A\mathrm{sn}(\omega t,m)$ 满足

$$\ddot{x}+\omega^2x=-\omega^2m^2x\left(1-\frac{2x^2}{A^2}\right)\tag{6.23}$$

此外，$\mathrm{cn}(x,m)$ 和 $\mathrm{sn}(x,m)$ 关于 x 是周期为 $4K(m)$ 的周期函数

$$4K(m)=4\int_0^{\frac{\pi}{2}}\frac{d\varphi}{\sqrt{1-m^2\sin^2\varphi}}=2\pi\left(1+\frac{1}{4}m^2+\frac{9}{64}m^4+\cdots\right)$$

2. $\varepsilon>0$ 情形

原方程可写成

$$\ddot{x}+(\omega_0^2+\varepsilon\beta_0^2A^2)x=\varepsilon\beta_0^2A^2x\left(1-\frac{x^2}{A^2}\right)$$

与式(6.22)比较得

$$\omega^2=\omega^2+\varepsilon\beta_0^2A^2,\quad m^2=\frac{\varepsilon\beta_0^2A^2}{2\omega^2}=\frac{1}{2}\left(1-\frac{\omega_0^2}{\omega^2}\right)$$

则解为 $x=A\mathrm{cn}(\omega t,m)$，而解的周期为 $T=\frac{4K(m)}{\omega}$，其角频率为

$$\omega^*=\frac{2\pi}{T}=\frac{2\pi\omega}{4K(m)}\approx\omega_0+\frac{3\varepsilon\beta_0^2A^2}{8\omega_0}+O(\varepsilon^2)\tag{6.24}$$

3. $\varepsilon<0$ 情形

原方程写成

$$\ddot{x}+\left(\omega_0^2+\frac{\varepsilon}{2}\beta_0^2A^2\right)x=\frac{\varepsilon}{2}\beta_0^2A^2x\left(1-\frac{2x^2}{A^2}\right)$$

记

$$\omega^2=\omega_0^2+\frac{\varepsilon}{2}\beta_0^2A^2,\quad m^2=\frac{\omega_0^2}{\omega^2}-1$$

可得 $x=Asn(\omega t,m)$。类似可以得角频率

$$\omega^*\approx\omega_0+\frac{3\varepsilon\beta_0^2A^2}{8\omega_0}+O(\varepsilon^2)\tag{6.25}$$

与式(6.24)形式相同(实质不同，因为 $\varepsilon<0$)

6.4.2 有阻尼的自由振动

当 $\mu\neq0$ 时，为有阻尼的自由振动，其方程为

$$\ddot{x}+2\mu\dot{x}+\omega_0^2x+\varepsilon\beta_0^2x^3=0$$

这时与阻尼单摆类似，有定常吸引子。

习题

6.1 推导(6.2)式。

6.2 对非线性耗散系统(6.16)来说，若按(6.9)定义的 H，式(6.15)变成什么？

6.3 通过求解方程(6.16)，绘出图6.6。

6.4 证明：$x=A\mathrm{cn}(\omega t,m)$ 和 $x=A\mathrm{sn}(\omega t,m)$ 分别是方程(6.22)和方程(6.23)的解，并且它们是周期为 $4K(m)$ 的周期函数。

第7讲　单自由度力学系统的强迫振动

这一讲主要讨论下列类型的系统

$$\dot{x}=X(x,y,\omega t),\ \dot{y}=Y(x,y,\omega t) \tag{7.1}$$

这里 $X(x,y,\bar{t})$ 和 $Y(x,y,\bar{t})$ 对变量 $\bar{t}$ 来说是周期为 2π 的函数。这是一类非自治系统,反映了在外周期力作用下(即受迫)振动的特性。我们重点讨论其周期解和共振。

由于式(7.1)定义的 (x,y) 上的向量场是非定常的,所以在二维自治系统中过相平面上每一点只有一条轨线的性质就不再成立。

例 7.1

$$\ddot{x}+0.1\dot{x}+x=\cos 1.6t \tag{7.2}$$

在零初始条件下的解为

$$x=-0.634\cos 1.6t+0.065\sin 1.6t$$
$$+e^{-0.05t}(0.634\cos 0.999t-0.072\sin 0.999t)$$

$$y=\frac{\dot{x}}{1.6}=0.634\sin 1.6t+0.065\cos 1.6t$$
$$-e^{-0.05t}(0.394\sin 0.999t+0.065\cos 0.999t)$$

所以,当 $t\to+\infty$ 时,解趋向周期极限解

$$x\to-0.634\cos 1.6t+0.065\sin 1.6t$$
$$y\to 0.634\sin 1.6t+0.065\cos 1.6t$$

如图 7.1 所示,这里轨线在相平面内是自相交的。

如果把式(7.1)放到三维相空间中研究,则可避免出现上述的轨线自相交。

将方程(7.2)写成

$$\dot{x}=1.6y,\ \dot{y}=-\frac{1}{1.6}x-0.1y+\frac{1}{1.6}\cos\theta,\ \dot{\theta}=1.6(\theta(0)=0) \tag{7.3}$$

由于方程(7.2)右端对 θ 是 2π 的周期函数,所以只需取 $\theta\in[0,2\pi)$ 就可以了。把 $\theta=0$ 和 $\theta=2\pi$ 接起来,方程(7.3)可以被认为定义在 $R^2\times S^1$ 这个

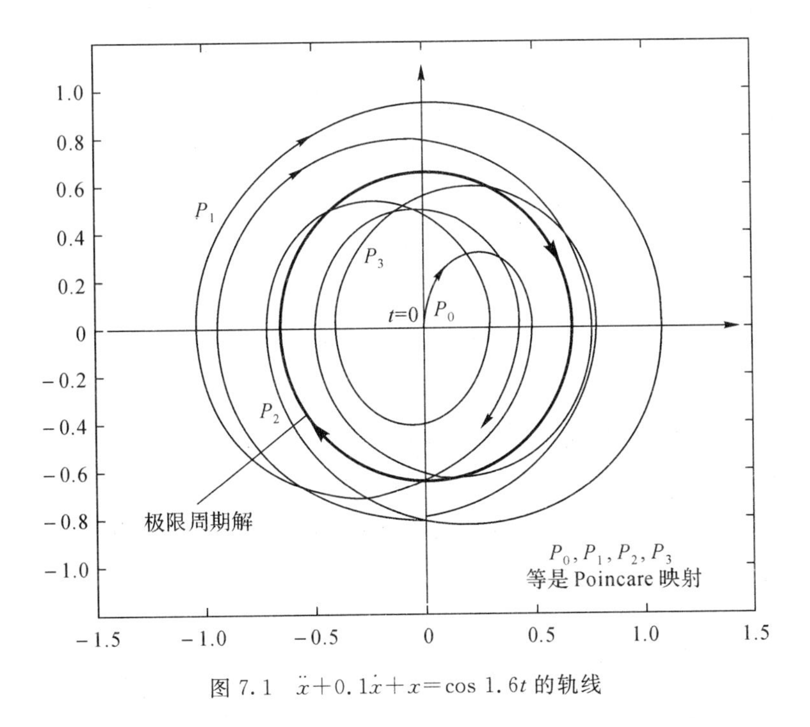

图 7.1　$\ddot{x}+0.1\dot{x}+x=\cos 1.6t$ 的轨线

环空间上，这样，极限的周期解在这个空间上是一条环面上的闭轨(见图 7.2)。

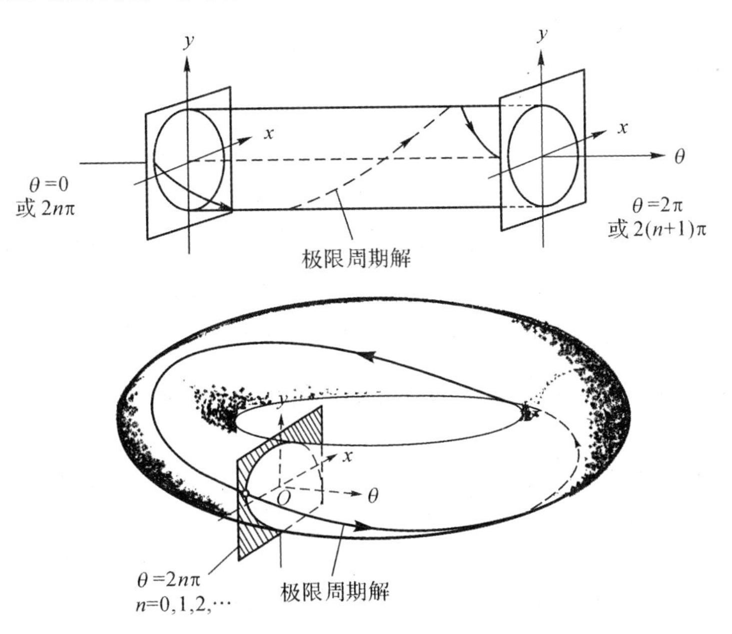

图 7.2　$\ddot{x}+0.1\dot{x}+x=\cos 1.6t$ 的三维相空间极限轨线

7.1 用平均化方法求周期解

设系统(7.1)的周期解可以近似为频率 ω 的简谐振动，即在相平面上近似为一圆。引入转动坐标系

$$x=\xi\cos\omega t+\eta\sin\omega t,\quad y=-\xi\sin\omega t+\eta\cos\omega t \tag{7.3}$$

则方程(7.1)变为

$$\dot{\xi}=\Xi(\xi,\eta,t),\quad \dot{\eta}=H(\xi,\eta,t) \tag{7.4}$$

一般来说，(7.4)式仍是非自治的。但如果有一稳定的平衡点 $\xi=\xi^*$，$\eta=\eta^*$，则其对应于原方程的一个稳定周期解。

例 7.2 将例 7.1 中的方程改写成 ξ-η 中的方程并用平均法求解。

将方程(7.2)和变换(7.3)分别写成矩阵形式

$$\begin{Bmatrix}\dot{x}\\ \dot{y}\end{Bmatrix}=\begin{bmatrix}0 & 1.6\\ -\dfrac{1}{1.6} & -0.1\end{bmatrix}\begin{Bmatrix}x\\ y\end{Bmatrix}+\begin{Bmatrix}0\\ \dfrac{1}{1.6}\cos1.6t\end{Bmatrix}$$

$$\begin{Bmatrix}x\\ y\end{Bmatrix}=\begin{bmatrix}\cos1.6t & \sin1.6t\\ -\sin1.6t & \cos1.6t\end{bmatrix}\begin{Bmatrix}\xi\\ \eta\end{Bmatrix}$$

由于

$$\begin{Bmatrix}\dot{x}\\ \dot{y}\end{Bmatrix}=\begin{bmatrix}\cos1.6t & \sin1.6t\\ -\sin1.6t & \cos1.6t\end{bmatrix}\begin{Bmatrix}\dot{\xi}\\ \dot{\eta}\end{Bmatrix}+1.6\begin{bmatrix}-\sin1.6t & \cos1.6t\\ -\cos1.6t & -\sin1.6t\end{bmatrix}\begin{Bmatrix}\xi\\ \eta\end{Bmatrix}$$

所以

$$\begin{Bmatrix}\dot{\xi}\\ \dot{\eta}\end{Bmatrix}=\begin{Bmatrix}-(0.1\xi+0.975\eta)\sin^2 1.6t+(0.975\xi-0.1\eta+0.625)\sin1.6t\cos1.6t\\ (0.975\xi-0.1\eta+0.625)\cos^2 1.6t+(0.1\xi+0.975\eta)\sin1.6t\cos1.6t\end{Bmatrix}$$

如果假定 ξ、η 相对于外力是一慢变量，即对于外力的一个周期内($T=\dfrac{2\pi}{1.6}$)ξ,η 可近似为不变的，则对上式在一个周期内求平均。由于

$$\overline{\sin1.6t\cos1.6t}=0,\ \overline{\sin^2 1.6t}=\overline{\cos^2 1.6t}=\frac{1}{2},\quad \bar{\xi}=\xi,\quad \bar{\eta}=\eta$$

同时，T 相对 $\xi(t)$、$\eta(t)$ 的变化来说是一很小量，所以

$$\bar{\dot{\xi}}=\frac{1}{T}\int_t^{t+T}\frac{d\xi(\tau)}{d\tau}d\tau=\frac{\xi(t+T)-\xi(t)}{T}\approx\dot{\xi}(t)$$

$$\bar{\dot{\eta}}\approx\dot{\eta}(t)$$

从而方程变为

$$\begin{pmatrix}\dot{\xi}\\ \dot{\eta}\end{pmatrix}=\begin{pmatrix}-0.05 & -0.4875\\ 0.4875 & -0.05\end{pmatrix}\begin{pmatrix}\xi\\ \eta\end{pmatrix}+\begin{pmatrix}0\\ 0.3125\end{pmatrix} \tag{7.5}$$

考虑到零初始条件，解得

$$\xi=-0.634+0.6377e^{-0.05t}\cos(0.4875t+\varphi_0)$$

$$\eta=0.065+0.6377e^{-0.05t}\sin(0.4875t+\varphi_0)$$

式中 $\varphi_0=-\arctan\left(\frac{1}{9.75}\right)$。很明显，$\xi=-0.634$、$\eta=0.065$ 是方程的不动点，其对应于 x，y 平面上的轨线为

$$x=-0.634\cos 1.6t+0.065\sin 1.6t,$$

$$y=0.634\sin 1.6t+0.065\cos 1.6t$$

即为周期极限解。

从方程(7.4)导出方程(7.5)的方法称为**平均法**。所谓平均法是指，如果系统存在两类快、慢相差悬殊的变量，则可以通过对方程作平均得到慢变量要满足的方程。在例7.2中，由于存在渐近周期解，所以先通过变换(7.3)，使其变成 ξ-η 平面上的不动点。ξ-η 平面上的轨线表示如何趋向不动点，应为慢变量，所以可以对方程(7.4)求平均。

此外，由变换(7.3)可看到，ξ、η 实际上是广义简谐振动的振幅，它相对于振动本身来说是一个慢变量。平均法本质上是多尺度法的一个应用(见附录1.2)。

7.2 Duffing方程——非线性强迫耗散系统

考虑下面的非线性强迫耗散的Duffing方程：

$$\ddot{x}+2\mu\dot{x}+\omega_0^2x+\varepsilon\beta_0^2x^3=A_0\cos\Omega t \tag{7.6}$$

$\varepsilon>0$ 为渐硬弹簧，$\varepsilon<0$ 为渐软弹簧，它的弹簧刚度系数 $\omega_0^2+\varepsilon\beta_0^2x^2$ 随 x 变化而变化。

7.2.1 用平均法求强迫运动(渐近解)

按前面介绍的平均法求解方程(7.6)。

先将(7.6)化为一阶方程组

$$\begin{cases}\dot{x}=\Omega y\\ \dot{y}=-2\mu y-\omega_0^2\Omega^{-1}x-\varepsilon\beta_0^2\Omega^{-1}x^3+A_0\Omega^{-1}\cos\Omega t\end{cases}$$

作变换(7.3)(这里 ω 换成 Ω)并作平均,得

$$\begin{cases}\dot{\xi}=-\mu\xi-\dfrac{1}{2}\Omega(1-\omega_0^2\Omega^{-2})\eta+\dfrac{3}{8}\varepsilon\beta_0^2\Omega^{-1}(\xi^2+\eta^2)\eta\\ \dot{\eta}=\dfrac{1}{2}\Omega(1-\omega_0^2\Omega^{-2})\xi-\mu\eta-\dfrac{3}{8}\varepsilon\beta_0^2\Omega^{-1}(\xi^2+\eta^2)\xi+\dfrac{1}{2}A_0\Omega^{-1}\end{cases}\tag{7.7}$$

可以通过求解上述自治方程来得到 $\xi\eta$ 平面上的轨线。

例 7.3 考虑无阻尼 Duffing 方程问题。

在方程组(7.7)中,有

$$\mu=0,\omega_0^2=1,\ \varepsilon\beta_0^2=\frac{2}{15},\ \Omega=1.6,\ A_0=1$$

该方程有三个平衡点,其中两个是中心:$S(-0.66,0)$,$S'(4.24,0)$;一个是鞍点:$U(-3.58,0)$。轨线方程为

$$40\xi+31.2(\xi^2+\eta^2)-(\xi^2+\eta^2)^2=\text{const}$$

其轨线图如图 7.3 所示。

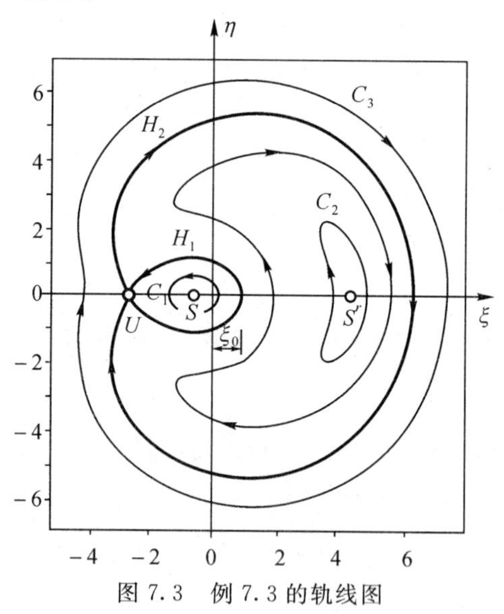

图 7.3 例 7.3 的轨线图

从图 7.3 可以看到,过鞍点有两个同宿轨道,它们把平面分为三部分,每根轨线在 $\xi\eta$ 平面上或是平衡点,或是封闭曲线。

例 7.4 考虑有阻尼的 Duffing 方程问题。

同例 7.3,但 $\mu=0.1$。

该系统的奇点为两个焦点 $S(-0.65,0.07)$、$S'(3.10,2.78)$ 和一个鞍点 $U(-2.97,2.14)$（见图 7.4）。

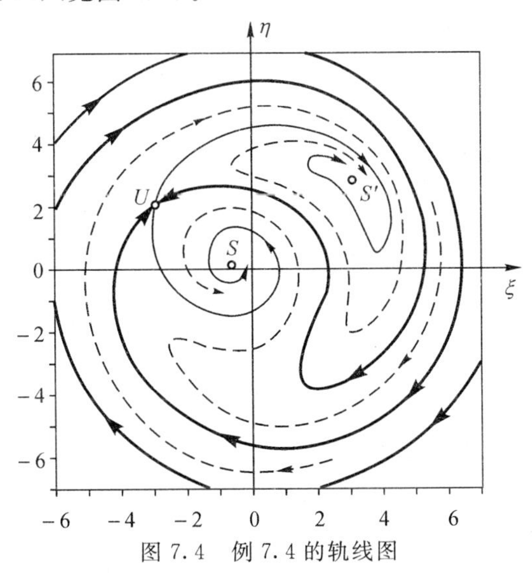

图 7.4　例 7.4 的轨线图

7.2.2　用摄动法求强迫运动和共振

1. ε=0

方程(7.6)为线性问题，其解为

$$x=Ae^{-\mu t}\cos(\sqrt{\omega_0^2-\mu^2}\,t+\theta_0)+\frac{A_0}{\sqrt{(\omega_0^2-\Omega^2)^2+4\mu\Omega^2}}\cos(\Omega t+\delta)$$

当 $\mu t\to\infty$ 时，

$$x\approx\frac{A_0}{\sqrt{(\omega_0^2-\Omega^2)^2+4\mu\Omega^2}}\cos(\Omega t+\delta)$$

这里 δ 可以通过复数稳态解得到。当 $\Omega=\omega_0$ 时，发生共振。

2. ε≠0(一阶近似)

用式(6.24)求得的 $\omega(A)=\omega_0+\dfrac{3\varepsilon\beta_0^2A^2}{8\omega_0}$ 构成的线性化方程

$$\ddot{x}+2\mu\dot{x}+\omega^2x=A_0\cos\Omega t$$

则当 $t\to\infty$ 时，有

$$x\approx\frac{A_0}{\sqrt{[\omega^2(A)-\Omega^2]^2+4\mu\Omega^2}}\cos(\Omega t+\delta)\tag{7.8}$$

$$A^2=\frac{A_0^2}{[\omega^2(A)-\Omega^2]^2+4\mu^2\Omega^2} \tag{7.9}$$

由此可以解得 A^2，这就是渐近解。

(1)主共振

研究 $\Omega=\omega_0+\varepsilon\Delta$ 的渐近解，随着激励的振幅 A_0 的变化，ω_0 附近的渐近解可能变成多个，出现突变。设

$$\Omega=\omega_0+\varepsilon\Delta(|\varepsilon|<1,\Delta=O(\omega_0))$$

则由 $\omega(A)=\omega_0+\dfrac{3\varepsilon\beta_0^2A^2}{8\omega_0}$ 可得

$$(\omega^2-\Omega^2)^2=(\omega-\Omega)^2(\omega+\Omega)^2=(\omega-\omega_0-\varepsilon\Delta)^2(\omega+\omega_0+\varepsilon\Delta)^2$$

$$\approx 4\omega_0^2\varepsilon^2\left(\frac{3\beta_0^2A^2}{8\omega_0}-\Delta\right)^2$$

$$4\mu^2\Omega^2\approx 4\mu^2\omega_0^2(假定\ \mu\approx O(\varepsilon))$$

从而式(7.9)变成

$$A^2\approx\frac{A_0^2}{4\omega_0^2\varepsilon^2\left(\dfrac{3\beta_0^2A^2}{8\omega_0}-\Delta\right)^2+4\mu^2\omega_0^2}=\frac{A_0^2}{4\omega_0^2\varepsilon^2}\frac{1}{\left(\dfrac{3\beta_0^2A^2}{8\omega_0}-\Delta\right)^2+\left(\dfrac{\mu}{\varepsilon}\right)^2}$$

令 $\alpha=\dfrac{3\beta_0^2A^2}{8\omega_0}$，$F=\dfrac{3A_0^2\beta_0^2}{32\omega_0^3\varepsilon^2}$，则上式变成含 α 的三次方程

$$\alpha\left[(\alpha-\Delta)^2+\left(\frac{\mu}{\varepsilon}\right)^2\right]=F \tag{7.10}$$

现讨论方程(7.10)的根。首先，方程的实根必为正(因为 $F>0$)；其次，根据三次方程系数，其实根个数可能为 1 个或 3 个。事实上，当 F 较小时只有一个根，F 较大时有 3 个根。换言之，当 F 较大时，随着激励力幅度的变化，输出的幅度将出现突变(只有一个根时不能产生跳跃)(见图 7.6)。

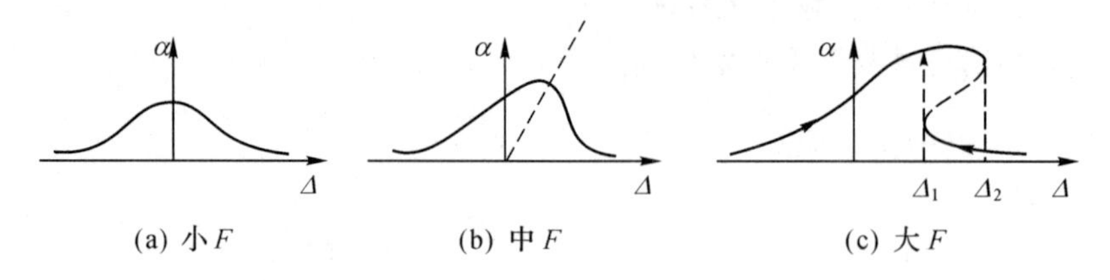

图 7.6　α 与 Δ 间的关系

(2)超谐和次谐共振

非线性的另一作用是：即使 ω_0 与 Ω 差别很大，也可能产生共振。

主共振为 ε 的零阶近似(渐近解(7.8))为

$$x^{(0)}=\frac{A_0}{\sqrt{(\omega^2-\Omega^2)^2+4\mu^2\Omega^2}}\cos(\Omega t+\delta)$$

这里 $\omega=\omega_0+O(\varepsilon)$。设

$$x=x^{(0)}+\varepsilon x^{(1)}+\cdots$$

代入方程(7.6) 并对 ε 展开,则对应 ε^1 阶方程为

$$\ddot{x}^{(1)}+2\mu\dot{x}^{(1)}+\omega_0^2x^{(1)}=-\beta_0^2x^{(0)3}$$

$$=-\frac{\beta_0^2A_0^3}{[(\omega^2-\Omega^2)^2+4\mu^2\Omega^2]^{\frac{3}{2}}}\left\{\frac{1}{4}\cos 3(\Omega t+\delta)+\frac{3}{4}\cos(\Omega t+\delta)\right\}$$

当 $\omega_0=3\Omega$ 时出现**超谐共振。**

此外,在非渐近解的情形,由于强迫耗散 Duffing 方程的固有运动 $\cos(\omega_0t+\theta_0)$ 和强迫运动 $\cos(\Omega t+\gamma)$ 在非线性作用下会出现 $\cos(\Omega t+\gamma)$、$\cos 3(\Omega t+\gamma)$、$\cos(\omega_0t+\theta_0)$、$\cos 3(\omega_0t+\theta_0)$、$\cos^2(\Omega t+\gamma)\cos(\omega_0+\theta_0)$ 和 $\cos(\Omega t+\gamma)\cos^2(\omega_0+\theta_0)$ 等项,即由

$$x^{(0)3}=[a\cos(\Omega t+\delta)+be^{-\mu t}\cos(\omega_0t+\gamma)]^3$$

引起的。对于

$$\cos^2\Omega t\cos\omega_0t=\frac{1}{2}\cos\omega_0t+\frac{1}{4}[\cos(2\Omega+\omega_0)t+\cos(2\Omega-\omega_0)t]$$

不产生新的共振项;而对

$$\cos\Omega t\cos^2\omega_0t=\frac{1}{2}\cos\Omega t+\frac{1}{4}[\cos(\Omega+2\omega_0)t+\cos(2\omega_0-\Omega)t]$$

当 $\Omega-2\omega_0=\omega_0$,即 $3\omega_0=\Omega$ 时将产生新的共振项,称为**次谐共振项。**

一般来说,$\omega_0=n\Omega$, $n=1,2,\cdots$ 称为**超谐共振**;$\omega_0=\frac{1}{n}\Omega$, $n=1,2,\cdots$ 称为**次谐共振。**

7.3　受迫 Van der Pol 方程

Duffing 方程在没有受迫时不会自激(即没有强迫力能保持振动),但 Van der Pol 方程

$$\ddot{x}-\varepsilon(1-x^2)\dot{x}+x=F\cos\omega t \tag{7.11}$$

不一样,它在没有受迫时本身也可以有频率近似为 1 的振动。当它受到频率

为 ω 的外力时,"内"、"外"是如何互相作用的？下面用平均法求强迫运动。

作下列变换

$$x=2\xi\cos\omega t+2\eta\sin\omega t,\quad y=\frac{\dot{x}}{\omega}=-2\xi\sin\omega t+2\eta\cos\omega t$$

并取平均,则方程(7.11) 变成

$$\begin{cases}\dot{\xi}=-\dfrac{1}{2}(\omega^2-1)\omega^{-1}\eta+\dfrac{1}{2}\varepsilon\xi(1-\xi^2-\eta^2)\\[2mm]\dot{\eta}=\dfrac{1}{2}(\omega^2-1)\omega^{-1}\xi+\dfrac{1}{2}\varepsilon\eta(1-\xi^2-\eta^2)+\dfrac{1}{4}F\omega^{-1}\end{cases}\tag{7.12}$$

考虑到 ε 是小量,假定 $F=O(\varepsilon)$,$\omega=1+O(\varepsilon)$,记

$$\lambda=\frac{\omega^2-1}{\varepsilon\omega},\quad \mu=\frac{F}{2\varepsilon\omega},\quad \tau=\frac{1}{2}\varepsilon t\text{(慢变量)}$$

则方程(7.12) 变成

$$\begin{cases}\dfrac{\mathrm{d}\xi}{\mathrm{d}\tau}=-\lambda\eta+\xi(1-\xi^2-\eta^2)\\[2mm]\dfrac{\mathrm{d}\eta}{\mathrm{d}\tau}=\lambda\xi+\eta(1-\xi^2-\eta^2)+\mu\end{cases}\tag{7.13}$$

1. 先考虑自由振动,即 $\mu=0$ 时的情形

引入 $\rho=\xi^2+\eta^2$,则由式(7.13)

$$\frac{\mathrm{d}\rho}{\mathrm{d}\tau}=2\xi\frac{\mathrm{d}\xi}{\mathrm{d}\tau}+2\eta\frac{\mathrm{d}\eta}{\mathrm{d}\tau}=2\rho(1-\rho)\tag{7.14}$$

式(7.14)有两个平衡点:$\rho=0$ 为不稳定平衡点;$\rho=1$ 为稳定的平衡点。$\rho=1$ 是 $\xi-\eta$ 上的极限环(见图 7.7(a))。

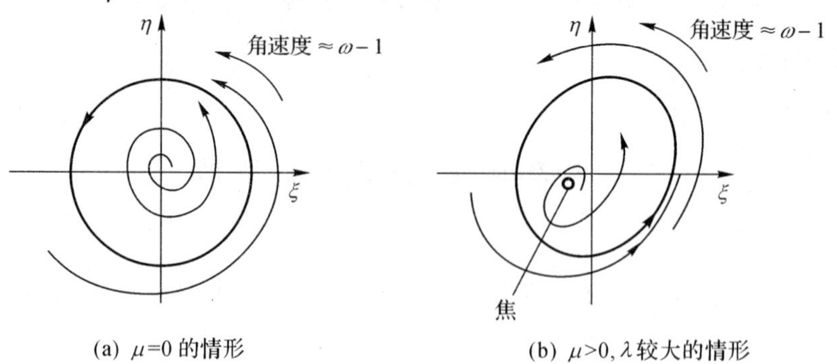

图 7.7 受迫 Van der Pol 方程的轨线 1

2. 当 $\mu>0,\lambda$ 较大时

此时方程(7.13)的平衡点满足

$$\begin{cases}-\lambda\eta+\xi(1-\xi^2-\eta^2)=0\\ \lambda\xi+\eta(1-\xi^2-\eta^2)+\mu=0\end{cases}\tag{7.15}$$

若仍假定 $\rho=\xi^2+\eta^2$，则由(7.15)式可解得

$$\xi=-\frac{\lambda\rho}{\mu},\quad \eta=-\frac{\rho(1-\rho)}{\mu}$$

代入(7.15)的第二式，则 ρ 应满足下列三次方程

$$\rho[\lambda^2+(1-\rho)^2]-\mu^2=0\tag{7.16}$$

其判别式为

$$\Delta=\left(\frac{1}{27}+\frac{1}{3}\lambda^2-\frac{1}{2}\mu^2\right)^2+\frac{1}{27}\left(\lambda^2-\frac{1}{3}\right)^3$$

当 λ 较大时，$\Delta>0$，方程(7.16)只有一个实根，可以证明它是不稳定的奇点。但此时存在稳定的极限环，不过该极限环是偏心的、非圆闭轨(见图 7.7(b))。

3. 当 $\mu>0,\lambda$ 较小时，$\Delta<0$，方程(7.16)有三个实根

(1)对于 $\mu<0.385$，当 λ 渐减时，将发生鞍结分岔，极限环被破坏，断成两条异宿轨道(见图 7.8(b))。

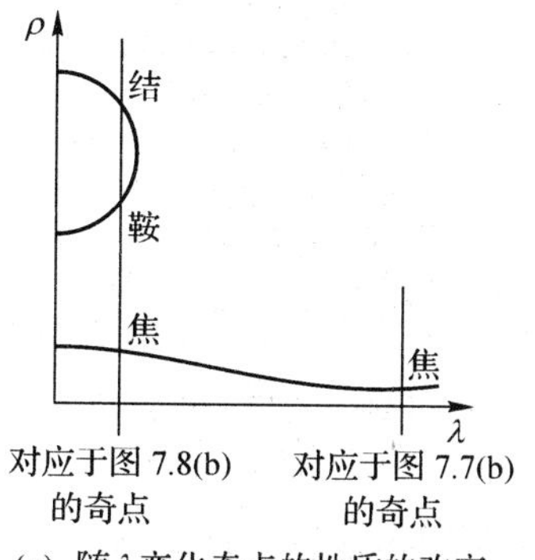

(a) 随 λ 变化奇点的性质的改变

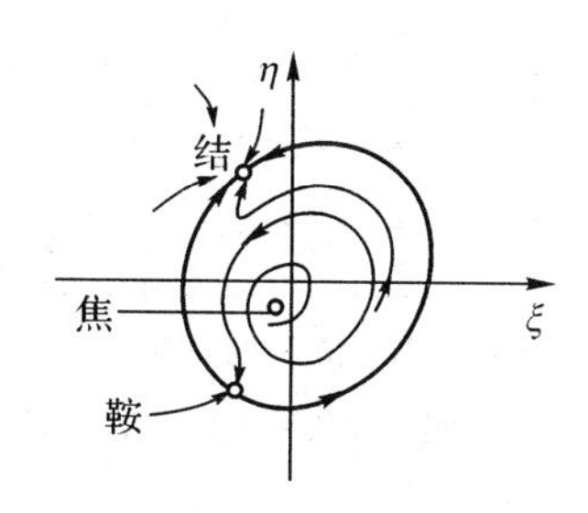

(b) 极限环破坏，发生鞍结分岔

图 7.8 受迫 Van der Pol 方程的轨线 2:$0<\mu<0.385$

(2) 对于 μ 略大于 0.5，当 λ 渐减时，稳定极限环仍保留，但增加了一个稳定的结点和一个鞍点。图 7.9(b)中的有阴影线的区域是稳定极限环的

吸引区域,其余是稳定结点的吸引区域,两者之间的分界线为过鞍点的轨线。当 λ 继续减少时,只剩下一个稳定的结点,如图 7.9(c)所示。

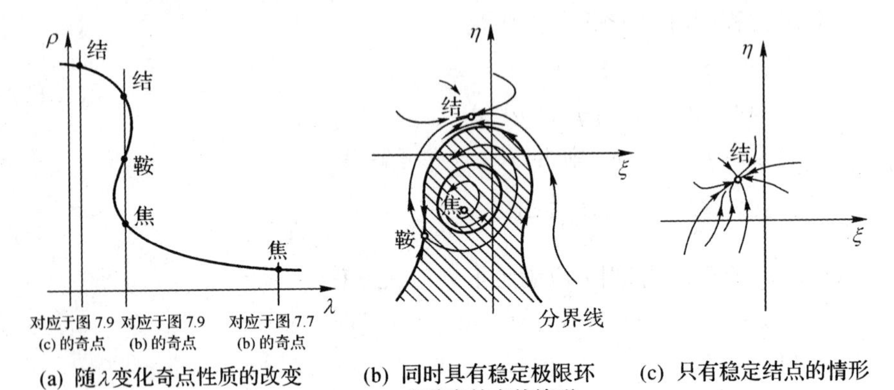

图 7.9　受迫 Van der Pol 方程的轨线 3:μ 略大于 0.5

(3)对于 μ 略小于 0.544,当 λ 渐减时,为一个稳定的焦点、一个稳定的结点和一个鞍点,如图 7.10 所示。比较图 7.9(b),可知,当 μ 从略大于 0.5 渐增到略小于 0.544 时,极限环逐渐收缩,最终在某一分支值处极限环与不稳定焦点合二而一,变成稳定的焦点。

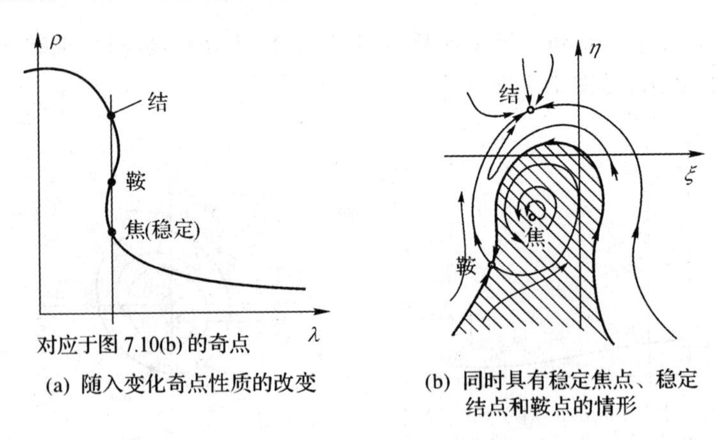

图 7.10　受迫 Van der Pol 方程的轨线 4:μ 略小于 0.544

7.4　组合振动

强迫耗散系统理论上由自由振动和强迫振动两部分组成

$$x=b_1\cos\omega_0 t+b_2\cos\Omega t$$

这里 b_1、b_2 可能是 t 的函数。当$\frac{\omega_0}{\Omega}$是有理数时，出现超谐共振和次谐共振；当$\frac{\omega_0}{\Omega}$是无理数时，为非周期运动，相应的极限环称为**非周期吸引子**。当 $\Omega\to\omega_0$ 时，强迫振动成为主要因素，称为**同步**或**锁相**。

1. 倍周期运动

在相平面上，如果任一条闭合曲线所需时间是激励周期的整数倍，则称为倍周期运动。因为方程右端显含 t，从而是非自治系统，相轨迹可以相交。

2. Poincare 截面

将相平面扩充为相空间($z=\Omega t$)，每隔 $\Delta=2\pi$(强迫力周期)作一截面，称为 **Poincare 截面**。将 Δ 长的 z 轴弯曲成一圆，则成环形空间。空间轨迹下一次穿过截面的点可视为上一次点的一种映射

$$x_{n+1}=x[(n+1)\Delta t],\dot{x}_{n+1}=\dot{x}[(n+1)\Delta t]$$

这就是 3.2 节中介绍过的 Poincare 映射。譬如单周期运动，在截面上只有一个不动点，而两倍周期则只有两个不同点。

现在以具有强迫耗散的但有负恢复力 $\omega_0^2\sin\theta$ 的单摆方程为例来说明。取

$$\sin\theta\approx\theta-\frac{1}{3}\theta^3$$

则动力学方程为

$$\ddot{\theta}+2\mu\dot{\theta}-\omega_0^2\theta+\frac{1}{3}\omega_0^2\theta^3=A\cos\Omega t$$

无强迫力($A=0$)时，有三个平衡点：(0,0)和($\pm\pi$,0)，而(0,0)是鞍点(位能极大值)，($\pm\pi$,0)是焦点(位能极小值点)。

当一个小球在势井里运动时，受到一往复的强迫力。当强迫力较小时，不能超越势垒，当强迫力较大时可能跨越势垒，但总在两井附近运动，并不一定有固定周期。小球这种运动称为奇怪吸引子或混沌吸引子，而定常吸引子将不再存在。

习题

7.1　如果方程(7.4)的一个解是的 $\rho=\sqrt{\xi^2+\eta^2}=1$ 极限环，则对应于 (x,y) 平面上的解应当是什么，它包含哪些频率分量？

7.2　证明：$x=A\mathrm{cn}(\omega t,m)$ 和 $x=A\mathrm{sn}(\omega t,m)$ 分别是方程(7.5)和方程(7.6)的解。

7.3　定量讨论方程(7.10) 的 F 临界值(1 根变 3 根时)，并计算大 F 所对应的 Δ_1 和 Δ_2。

7.4　除 7.2.2 中提到 $\omega_0=3\Omega$，$\omega_0=\frac{1}{3}\Omega$ 的超、次谐共振，Duffing 方程还可能出现什么样的共振？

7.5　为什么说 Van der Pol 方程在没有外加激励下可以产生自激自振动？其维持振动的能量从何而来？

7.6　在数值计算的基础上重新绘制图 7.8(a)、7.9(a)和 7.10(a)。绘制这些图时提到的 $\mu=0.385,0.5,0.544$ 值究竟是什么近似值？能否计算出更精确的值？

第 8 讲　吸引子与混沌

这一讲从介绍吸引子入手，引出混沌的定义。由于混沌的现象太复杂，迄今为止没有统一的定义，所以我们从介绍混沌的一些特征入手，举出两个经典的混沌例子，最后给出诸多的混沌定义中的一个（离散系统，8.7.2节）。

8.1　吸引子

定义 8.1　若某一点附近的相体积随时间的变化而缩小，称为**吸引子**。

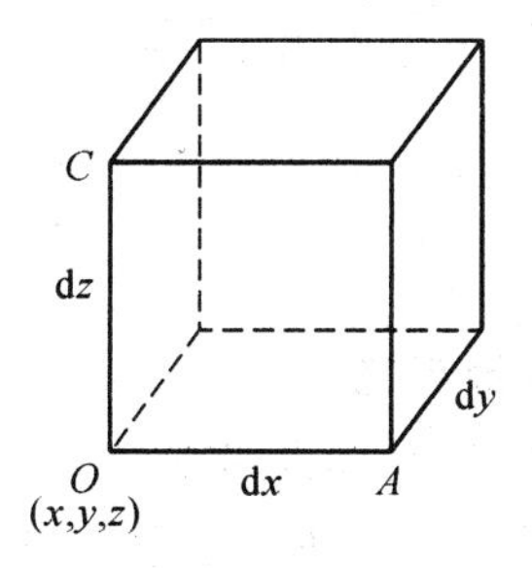

图 8.1

考虑平行微六面体（见图 8.1），其体积为 $\mathrm{d}x\mathrm{d}y\mathrm{d}z$，其位移函数为 u、v、w。经 Δt 时刻后，$OABC\to O'A'B'C'$。

$$O':(x+\Delta u, y+\Delta v, z+\Delta w)$$

$$A':(x+\mathrm{d}x+\Delta u+\frac{\partial\Delta u}{\partial x}\mathrm{d}x, y+\Delta v+\frac{\partial\Delta v}{\partial x}\mathrm{d}x, z+\Delta w+\frac{\partial\Delta w}{\partial x}\mathrm{d}x)$$

从而

$$O'A'=(1+\frac{\partial\Delta u}{\partial x},\frac{\partial\Delta v}{\partial x},\frac{\partial\Delta w}{\partial x})\mathrm{d}x$$

类似地

$$O'B'=\left(\frac{\partial\Delta u}{\partial y},1+\frac{\partial\Delta v}{\partial y},\frac{\partial\Delta w}{\partial y}\right)\mathrm{d}y$$

$$O'C'=\left(\frac{\partial\Delta u}{\partial z},\frac{\partial\Delta v}{\partial z},1+\frac{\partial\Delta w}{\partial z}\right)\mathrm{d}z$$

此时平行六面体 $O'A'B'C'$的体积为

$$V+\Delta V=\begin{vmatrix}1+\frac{\partial\Delta u}{\partial x} & \frac{\partial\Delta v}{\partial x} & \frac{\partial\Delta w}{\partial x}\\ \frac{\partial\Delta u}{\partial y} & 1+\frac{\partial\Delta v}{\partial y} & \frac{\partial\Delta w}{\partial y}\\ \frac{\partial\Delta u}{\partial z} & \frac{\partial\Delta v}{\partial z} & 1+\frac{\partial\Delta w}{\partial z}\end{vmatrix}\mathrm{d}x\mathrm{d}y\mathrm{d}z$$

其相对体积增加为

$$\Delta\alpha=\frac{\Delta V}{V}=\frac{\partial\Delta u}{\partial x}+\frac{\partial\Delta v}{\partial y}+\frac{\partial\Delta w}{\partial z}+o(\Delta s)$$

$$\Delta s=\sqrt{\Delta u^2+\Delta v^2+\Delta w^2},$$

从而

$$\frac{\mathrm{d}\alpha}{\mathrm{d}t}=\frac{\partial\dot{u}}{\partial x}+\frac{\partial\dot{v}}{\partial y}+\frac{\partial\dot{w}}{\partial z}=\frac{\partial\dot{x}}{\partial x}+\frac{\partial\dot{y}}{\partial y}+\frac{\partial\dot{z}}{\partial z}\tag{8.1}$$

按定义,对吸引子来说

$$\frac{\mathrm{d}\alpha}{\mathrm{d}t}<0$$

吸引子有时也称为**耗散系统**。

耗散系统有四种吸引子(具体说明见 8.2.1 节):

(1)不动点式的定常吸引子,即一维系统中稳定的不动点、二维系统的稳定结点和焦点;

(2)周期吸引子;

(3)准周期吸引子;

(4)混沌吸引子。

下面举三个力学耗散系统的例子。

1. 有阻尼的单摆运动

$$\begin{cases}\dot{\theta}=\omega\\ \dot{\omega}=-2\mu\omega-\omega_0\sin\theta\end{cases}$$

则

$$\frac{\mathrm{d}\alpha}{\mathrm{d}t}=-2\mu<0$$

2. Van der Pol 方程

$$\begin{cases}\dot{x}=y\\ \dot{y}=-\omega_0^2x-2\mu\left(\dfrac{x^2}{a_c^2}-1\right)y\end{cases}$$

则

$$\frac{\mathrm{d}\alpha}{\mathrm{d}t}=-2\mu\left(\frac{x^2}{a_c^2}-1\right)=\begin{cases}<0 & |x|>a_c\\ >0 & |x|<a_c\end{cases}$$

3. 强迫耗散的 Duffing 方程

$$\begin{cases}\dot{x}=y\\ \dot{y}=-2\mu y-\omega_0^2x-\varepsilon\beta_0^2x^3+A\cos z\\ \dot{z}=\Omega\end{cases}$$

这里通过引入新变量 z 化为自治系统。

$$\frac{\mathrm{d}\alpha}{\mathrm{d}t}=-2\mu<0$$

8.2　连续系统

8.2.1　连续系统的吸引子

设系统为

$$\begin{cases}\dot{x}=F(x,y,z)\\ \dot{y}=G(x,y,z)\\ \dot{z}=H(x,y,z)\end{cases}\tag{8.2}$$

在某平衡点$(\bar{x},\bar{y},\bar{z})$附近可展为

$$\begin{Bmatrix}\dot{\xi}\\ \dot{\eta}\\ \dot{\zeta}\end{Bmatrix}=\begin{pmatrix}\dfrac{\partial F}{\partial x} & \dfrac{\partial F}{\partial y} & \dfrac{\partial F}{\partial z}\\ \dfrac{\partial G}{\partial x} & \dfrac{\partial G}{\partial y} & \dfrac{\partial G}{\partial z}\\ \dfrac{\partial H}{\partial x} & \dfrac{\partial H}{\partial y} & \dfrac{\partial H}{\partial z}\end{pmatrix}\begin{Bmatrix}\xi\\ \eta\\ \zeta\end{Bmatrix},\quad \begin{matrix}\xi=x-\bar{x}\\ \eta=y-\bar{y}\\ \zeta=z-\bar{z}\end{matrix}$$

则可得三个特征值与特征方向：$(\lambda_i,\boldsymbol{n}_i)$， $i=1,2,3$。所以

$$\frac{\mathrm{d}\alpha}{\mathrm{d}t}=\mathrm{Re}(\lambda_1)+\mathrm{Re}(\lambda_2)+\mathrm{Re}(\lambda_3)=\frac{\partial F}{\partial x}+\frac{\partial G}{\partial y}+\frac{\partial H}{\partial z}<0 \tag{8.3}$$

该平衡点为吸引子。现进一步将其分类如下：

(1)**定常吸引子**　$\mathrm{Re}(\lambda_i)<0,i=1,2,3$，所有方向都是收缩的。

(2)**周期吸引子**　$\mathrm{Re}(\lambda_1)=0,\mathrm{Re}(\lambda_2)<0,\mathrm{Re}(\lambda_3)<0$,意味着在 $\boldsymbol{n}_1$ 方向上作周期运动,而其他方向是收缩的。

(3)**准周期吸引子**　$\mathrm{Re}(\lambda_1)=\mathrm{Re}(\lambda_2)=0,\mathrm{Re}(\lambda_3)<0$,即只在 $\boldsymbol{n}_3$ 方向上收缩,而其他方向上作周期运动。

(4)**混沌吸引子**　$\mathrm{Re}(\lambda_1)>0,\mathrm{Re}(\lambda_2)=0,\mathrm{Re}(\lambda_3)<0$(或 $\mathrm{Re}(\lambda_1)>0,\mathrm{Re}(\lambda_2)>0,\mathrm{Re}(\lambda_3)<0$;或 $\mathrm{Re}(\lambda_1)>0,\mathrm{Re}(\lambda_2)<0,\mathrm{Re}(\lambda_3)<0$)。它是整体稳定$\left(\dfrac{\mathrm{d}\alpha}{\mathrm{d}t}<0\text{ 且是一有界映射}\right)$,而局部不稳定(伸长与折叠)。

8.2.2 连续系统的 Lyapunov 指数

我们还可以用 Lyapunov 指数来描述吸引子的一个重要特征:刻画两个临近轨道之间发散或收缩的速率。

1. 一维

$$\frac{\mathrm{d}x}{\mathrm{d}t}=F(x)$$

比较两个临近轨道 $x(t)$和 $x(t)+\delta x(t)$,则

$$\frac{\mathrm{d}\delta x}{\mathrm{d}t}=F(x+\delta x)-F(x)\approx F'(x)\delta x$$

相对变化率为

$$\frac{1}{\delta x}\frac{\mathrm{d}\delta x}{\mathrm{d}t}=F'(x)$$

$$\Rightarrow \ln\frac{\delta x(t)}{\delta x(0)}=\int_0^t F'(x)\mathrm{d}t$$

$$\Rightarrow \ln\left|\frac{\delta x(t)}{\delta x(0)}\right| = \int_0^t \mathrm{Re}(F'(x))\mathrm{d}t$$①

定义 8.2　连续系统的 Lyapunov 指数 λ 定义为

$$\lambda(x) = \lim_{t\to\infty}\frac{1}{t}\ln\left|\frac{\delta x(t)}{\delta x(0)}\right| = \lim_{t\to\infty}\frac{1}{t}\int_0^t \mathrm{Re}(F'(x))\mathrm{d}t \tag{8.4}$$

由定义 8.2 可知：

(1)当 $t\to\infty$时，$\left|\frac{\delta x(t)}{\delta x(0)}\right| \sim e^{\lambda(x)t}$。这意味着从总体上来说，当 $\lambda(x)<0$ 时，两个临近轨道之间距离趋向零；而当 $\lambda(x)>0$ 时，临近轨道上同时刻的两个对应点随时间推演，它们之间的距离会越来越大之间的距离会越来越大。

(2)Lyapunov 指数与轨道本身有关，不同轨道具有不同的 Lyapunov 指数。

当 $x=x^*$ 为平衡点时，则

$$\lambda(x^*) = \lim_{t\to\infty}\frac{1}{t}\int_0^t \mathrm{Re}[F'(x)]\mathrm{d}t = \mathrm{Re}(F')\big|_{x=x^*} = \mathrm{Re}[F'(x^*)]$$

(3)Lyapunov 指数是刻画两个积分曲线之间(同步)发散或收缩的速率，而不是轨道本身发散或收缩的速率。

2. 二维

$$\begin{cases}\dfrac{1}{\delta x}\dfrac{\mathrm{d}\delta x}{\mathrm{d}t} = \dfrac{\partial F}{\partial x}\\[2ex] \dfrac{1}{\delta y}\dfrac{\mathrm{d}\delta y}{\mathrm{d}t} = \dfrac{\partial G}{\partial y}\end{cases}$$

这是在单向 Lyapunov 指数(定义 8.2)基础上导出的(为简单起见，假定限制在实数域内)，从而

$$\lambda_1 = \lim_{t\to\infty}\frac{1}{t}\int_0^t \frac{\partial F}{\partial x}\mathrm{d}t$$

$$\lambda_2 = \lim_{t\to\infty}\frac{1}{t}\int_0^t \frac{\partial G}{\partial y}\mathrm{d}t \tag{8.5}$$

---

①　因为

$$\ln\frac{\delta x(t)}{\delta x(0)} = \ln\left\{\left|\frac{\delta x(t)}{\delta x(0)}\right| e^{i\alpha}\right\} = \ln\left|\frac{\delta x(t)}{\delta x(0)}\right| + i\alpha, \alpha = \arg\frac{\delta x(t)}{\delta x(0)},$$

所以

$$\ln\left|\frac{\delta x(t)}{\delta x(0)}\right| = \mathrm{Re}\ \ln\frac{\delta x(t)}{\delta x(0)}$$

这里定义的二维问题 Lyapunov 指数，是指沿 x 和 y 方向的两个单向 Lyapunov 指数。

我们还可以定义另一种二维 Lyapunov 指数——面积 Lyapunov 指数。

面积变化为

$$\delta A=|\delta x\times\delta y|$$

而

$$\left\{\begin{aligned}\delta\dot{x}&=\frac{\partial F}{\partial x}\delta x+\frac{\partial F}{\partial y}\delta y\\ \delta\dot{y}&=\frac{\partial G}{\partial x}\delta x+\frac{\partial G}{\partial y}\delta y\end{aligned}\right\}\Rightarrow\begin{Bmatrix}\delta\dot{x}\\ \delta\dot{y}\end{Bmatrix}=[\boldsymbol{J}]\begin{Bmatrix}\delta x\\ \delta y\end{Bmatrix},$$

$$[\boldsymbol{J}]=\begin{bmatrix}\dfrac{\partial F}{\partial x} & \dfrac{\partial F}{\partial y}\\ \dfrac{\partial G}{\partial x} & \dfrac{\partial G}{\partial y}\end{bmatrix}$$

所以面积变化率为

$$\delta\dot{A}=|\delta\dot{x}\times\delta y+\delta x\times\delta\dot{y}|=\left(\frac{\partial F}{\partial x}+\frac{\partial G}{\partial y}\right)|\delta x\times\delta y|$$

$$\lambda=\lim_{t\to\infty}\frac{1}{t}\int_0^t\frac{1}{\delta A}\frac{\mathrm{d}\delta A}{\mathrm{d}t}\mathrm{d}t=\lim_{t\to\infty}\frac{1}{t}\int_0^t\left(\frac{\partial F}{\partial x}+\frac{\partial G}{\partial y}\right)\mathrm{d}t=\lambda_1+\lambda_2 \tag{8.6}$$

和两个单向 Lyapunov 指数不同，面积 Lyapunov 指数 λ 为负(收缩)不能保证面积元在每个方向都是收缩的。

8.3 离散系统

8.3.1 一维

定义 8.3 记 $x_1=F(x_0)$，$x_2=F(x_1)=F^2(x_0)$，…

由复合函数微分公式可得

$$\delta x_n=\left|\frac{\mathrm{d}F^n(x_0)}{\mathrm{d}x_0}\right|\delta x_0=\left|\left.\frac{\mathrm{d}F}{\mathrm{d}x}\right|_{x_0}\cdot\left.\frac{\mathrm{d}F}{\mathrm{d}x}\right|_{x_1}\cdot\cdots\cdot\left.\frac{\mathrm{d}F}{\mathrm{d}x}\right|_{x_{n-1}}\right|\delta x_0$$

则定义

$$\lambda(x_0)=\lim_{n\to\infty}\frac{1}{n}\ln\frac{\delta x_n}{\delta x_0}=\lim_{n\to\infty}\frac{1}{n}\sum_{k=0}^{n-1}\ln\left|\frac{\mathrm{d}F(x_k)}{\mathrm{d}x}\right| \tag{8.7}$$

为离散系统的 **Lyapunov 指数**。

在稳定的不动点处 x^*，$\lambda<0$；对于稳定的周期 m，有解 $x_n=F^m(x_n)$，也有 $\lambda<0$（见习题 8.5）。

8.3.2　二维

$$\begin{Bmatrix}\delta x_n\\ \delta y_n\end{Bmatrix}=J_{n-1}\begin{Bmatrix}\delta x_{n-1}\\ \delta y_{n-1}\end{Bmatrix}=J_{n-1}\cdots J_0\begin{Bmatrix}\delta x_0\\ \delta y_0\end{Bmatrix},$$

$$J_k=\begin{pmatrix}\dfrac{\partial F}{\partial x} & \dfrac{\partial F}{\partial y}\\[2mm] \dfrac{\partial G}{\partial x} & \dfrac{\partial G}{\partial y}\end{pmatrix}_{x=x_k,\,y=y_k}$$

设 $J\equiv J_{n-1}\cdots J_0$ 的特征值为 ρ_1、ρ_2，则可定义

$$\lambda_1=\lim_{n\to\infty}\frac{1}{n}\ln|\rho_1|$$

$$\lambda_2=\lim_{n\to\infty}\frac{1}{n}\ln|\rho_2|$$

为两个 Lyapunov 指数。注意这里对应的不是 x、y 方向，而是特征方向（渐近），从而

$$\lambda_1+\lambda_2=\lim_{n\to\infty}\frac{1}{n}\ln|\rho_1\rho_2|=\lim_{n\to\infty}\frac{1}{n}\ln|\det J| \tag{8.8}$$

对守恒系统有

$$\lambda_1+\lambda_2=0\Rightarrow|\det J|=1$$

$$|\rho_1|>1\Rightarrow|\rho_2|<1$$

对耗散系统有

$$\lambda_1+\lambda_2<0$$

可以和连续系统同样讨论。

8.4　混沌的特征

通常人们所说的混沌是指在确定性非线性系统中形式上混乱的非周期运动，它往往呈现出下列特征：

(1)初值敏感性

初始条件的微小差别最终导致根本不同的现象。

(2)伸长与折叠

伸长是局部不稳定引起点间距离扩大;折叠是整体稳定所形成的点之间距离的限制,如在 1.1 节中介绍的 Logistic 映射和 8.6 节中的 Henon 吸引子均具有这一特点。

(3)具有丰富的层次和自相似结构

如 Logistic 映射形成的混沌中,混沌所在的区域有很丰富的内涵,它绝不能等同于随机运动。混沌区域内有稳定周期解的窗口,而窗口内还有混沌……这种结构无穷多次重复着,并具有各态历程和层次分明的特性。同时伸长与折叠使混沌运动具有大小不同的各种尺度,构成自相似结构(见第 9 讲)。

(4)非线性耗散系统中存在混沌吸引子

在耗散系统中有混沌和混沌吸引子;在保守系统中只有混沌,但没有混沌吸引子(KAM 定理)。

通常吸引子的所有 Lyapunov 指数为负,而混沌吸引子的体积 Lyapunov 指数为负,但某个 Lyapunov 指数为正,反映局部不稳定和全局稳定的特点。混沌吸引子只能用分数维表征,即所有的轨道均趋向容量维(面积或体积)为零的集合。

8.5 Lorenz 吸引子(连续系统)

大气动力学的基本方程(Lorenz)可简化为

$$\begin{cases} \dot{x}=-bx+yz \\ \dot{y}=-\sigma y+\sigma z \\ \dot{z}=\mu y-z-xy \end{cases} \qquad \sigma,\mu,b>0 \tag{8.9}$$

首先,体积变化率为

$$\frac{\mathrm{d}V}{\mathrm{d}t}=\nabla F=\frac{\partial\dot{x}}{\partial x}+\frac{\partial\dot{y}}{\partial y}+\frac{\partial\dot{z}}{\partial z}=-(b+1+\sigma)<0$$

从而式(8.9) 是三维耗散系统。

现求式(8.9) 的平衡点。由方程(8.9)得

$$yz=bx,\ z=y,\ y(\mu-1-x)=0$$
$$\Rightarrow bx(\mu-1-x)=0,\ y^2=bx,\ z=y$$

解得

$\mu<1$：　$x=y=z=0$　一个平衡点；

$\mu>1$：　$x=\mu-1, y=z=\pm\sqrt{b(\mu-1)}$；$x=y=z=0$；共三个平衡点。

8.5.1　平衡点 $x=y=z=0$

当 $x=y=z=0$ 时，有

$$J_1=\begin{bmatrix}-b & 0 & 0\\ 0 & -\sigma & \sigma\\ 0 & \mu & -1\end{bmatrix}$$

其特征值为

$$s_1=-b,\ s_{2,3}=\frac{1}{2}\left[-(\sigma+1)\pm\sqrt{(\sigma+1)^2-4\sigma(1-\mu)}\right] \tag{8.10}$$

从而

$\mu<1$：$s_1<0$，$s_2<0$，$s_3<0$，稳定；

$\mu>1$：$s_1<0$，$s_2>0$，$s_3<0$，不稳定的鞍点。

这样按前面定义，$x=y=z=0$，$\mu=1$ 为叉式分支点，即当 μ 通过 1 时，出现两个新的平衡点。

8.5.2　$\mu>1$ 的另两个平衡点

当 $\mu>1$ 时其他两个平衡点为

$$P_+:(\mu-1, \sqrt{b(\mu-1)}, \sqrt{b(\mu-1)})$$
$$P_-:(\mu-1, -\sqrt{b(\mu-1)}, -\sqrt{b(\mu-1)})$$

由于 $-y$、$-z$ 用 y、z 代替，x 不变，则原方程不变，所以 P_+、P_- 的稳定性是一致的，其对应的 Jacobi 矩阵为

$$J_2=\begin{bmatrix}-b & \pm\sqrt{b(\mu-1)} & \pm\sqrt{b(\mu-1)}\\ 0 & -\sigma & \sigma\\ \mp\sqrt{b(\mu-1)} & 1 & -1\end{bmatrix}$$

其特征多项式均为

$$s^3+(\sigma+b+1)s^2+b(\mu+\sigma)s+2b\sigma(\mu-1)=0$$

这说明 P_+、P_- 的稳定性一致。

由 s 满足的方程可知，由于所有系数为正，所以其实根必定为负。

化为标准形（见附录 2）

$$s'^3+ps'+q=0$$

式中

$$s=s'-\frac{\sigma+b+1}{3},\quad p=b(\mu+\sigma)-\frac{1}{3}(\sigma+b+1)^2$$

$$q=2b\sigma(\mu-1)-\frac{1}{3}b(\mu+\sigma)(\sigma+b+1)+\frac{2}{27}(\sigma+b+1)^3$$

其判别式为

$$D=\frac{p^3}{27}+\frac{q^2}{4} \tag{8.11}$$

以下的数值例子均取

$$\sigma=10,b=\frac{8}{3}$$

则当

$$\mu\leqslant\mu_1=1.3456\cdots$$

时，$D\leqslant0$，从而特征方程有三个实根，均为负数，即 P_+、P_- 均为稳定的。

8.5.3 $\mu>\mu_1$ 时的情形

当 $\mu>\mu_1$ 时，$s_1=s_0<0$，$s_{2,3}=s_r\pm \mathrm{i}s_i$。由特征方程解在复数域中连续依赖系数（这里为 μ）可知，当 μ 稍许超过 μ_1 时，$s_r<0$。而当 μ 更大时，特性会变化。此外，根据特征根定义有

$$\sigma+b+1=-(s_0+2s_r)$$

$$b(\mu+\sigma)=2s_0s_r+s_r^2+s_i^2$$

$$2b\sigma(\mu-1)=-s_0(s_r^2+s_i^2)$$

(1) $\mu_1<\mu<\mu_2=13.9656\cdots$

从鞍点 O 出发，趋向同侧 P_+ 或 P_-（异宿轨道）（见图 8.2）。

(2) $\mu=\mu_2$

从鞍点 O 出发，同宿分岔（见图 8.3）。

(3) $\mu_2<\mu\leqslant\mu_3=24.06\cdots$

从鞍点 O 出发到另一侧焦点，有不稳定的极限环出现（超临界 Hopf

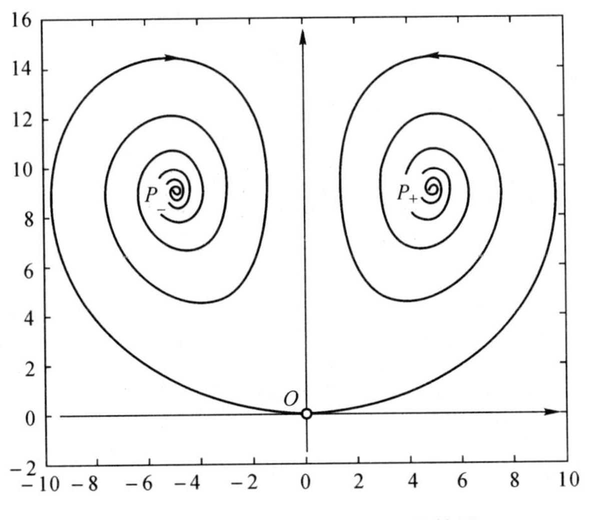

图 8.2　$\mu_1<\mu<\mu_2=13.9656$ 的情形

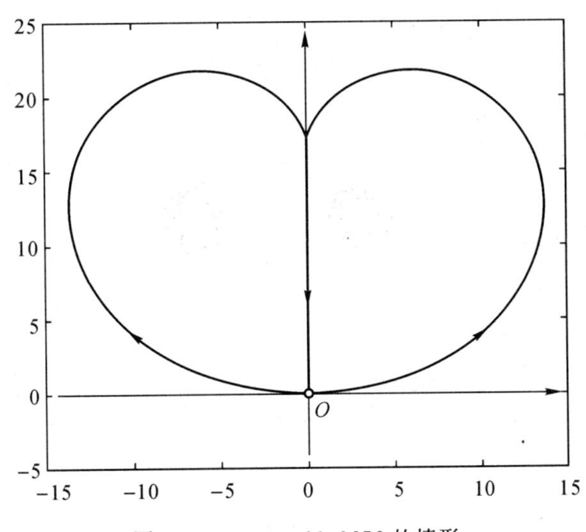

图 8.3　$\mu=\mu_2=13.9656$ 的情形

分岔)(见图 8.4)。

(4)$\mu_3<\mu<\mu_4=24.7368\cdots$

P_+、P_- 仍稳定,但为混沌吸引子,即轨道一会儿进极限环,一会儿又出来,但总趋势接近 P_+、P_-(见图 8.5)。

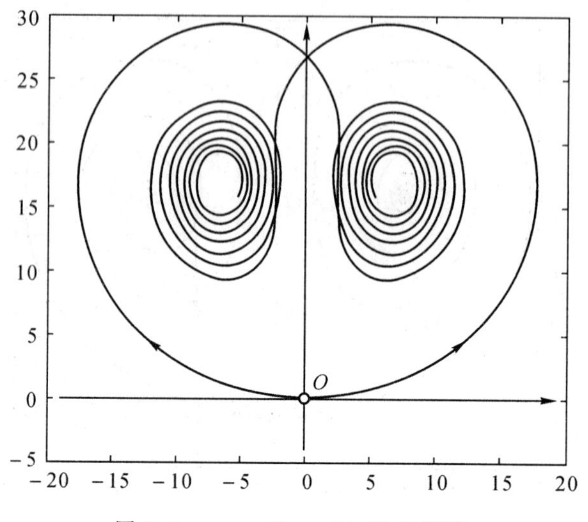

图 8.4 $\mu_2=\mu\leqslant\mu_3=24.06$ 的情形

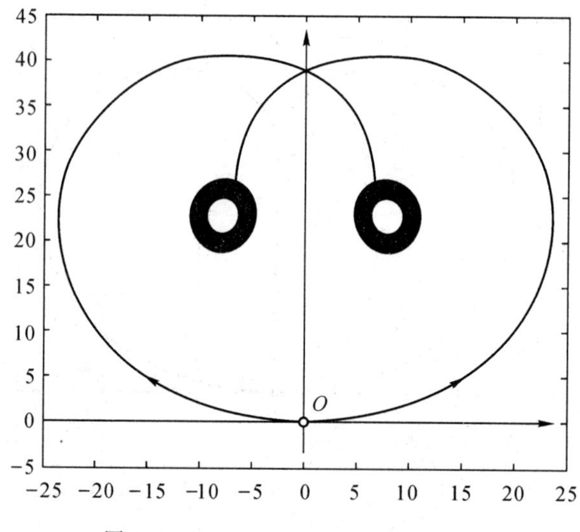

图 8.5 $\mu_3<\mu<\mu_4=24.7368$ 的情形

(5)$\mu=\mu_4$

P_+、P_- 开始变成不稳定，即 $s_r=0$，由此可求出 $\mu_4=\dfrac{\sigma(\sigma+b+3)}{\sigma-b-1}=24.7368\cdots$，此时，原不稳定极限环收缩到焦点 P_+、P_-，出现亚临界的 Hopf 分岔(见图 8.6)。

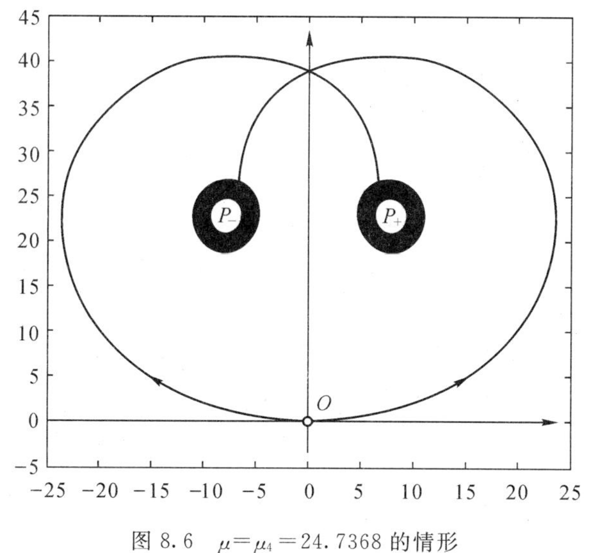

图 8.6　$\mu=\mu_4=24.7368$ 的情形

(6)$\mu>\mu_4$

绕不稳定焦点 P_+ 转几圈后甩到不稳定焦点 P_- 转几圈,再回来,头尾接上成闭曲线。计算表明,这种绕 P_+ 和 P_- 的方式和圈数均不规则,因而是整体稳定和局部不稳定的非周期吸引子,是 Lorentz 混沌吸引子(见图 8.7)。

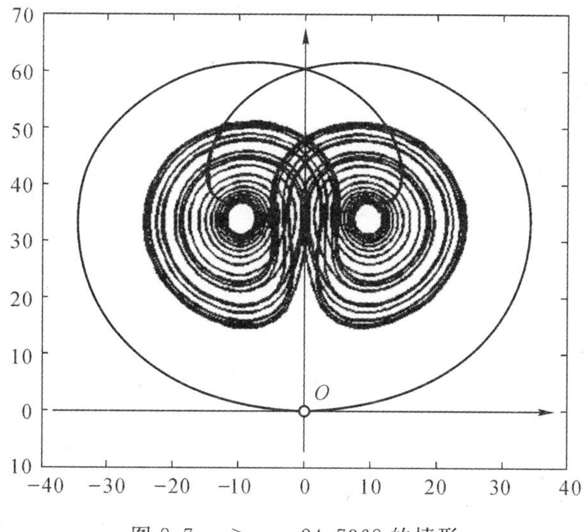

图 8.7　$\mu>\mu_4=24.7368$ 的情形

8.5.4 有界性

记 $z_1 = z-(\mu+\sigma)$，则

$$\frac{1}{2}\frac{\mathrm{d}}{\mathrm{d}t}(x^2+y^2+z_1^2)$$

$$=-\frac{1}{4}b(\mu+\sigma)^2\left\{\left(\frac{x}{\frac{\mu+\sigma}{2}\sqrt{\frac{b}{\sigma}}}\right)^2+\left(\frac{y}{\frac{\mu+b}{2}\sqrt{b}}\right)^2+\left(\frac{z-\frac{\mu+b}{2}}{\frac{\mu+b}{2}}\right)^2-1\right\}$$

当 $t\to\infty$，所有点将趋近由右端花括弧内为零的椭球面 S，即收缩到一个体积为零的区域(因为所有点都趋向椭球面 S，所以必定是一体积为零的区域)。这一点也可从方程(8.9)的 $\nabla\{\dot{x}\}<0$ 得到。

8.6 Henon 吸引子(离散)

考虑差分动力系统

$$\begin{cases}x_{n+1}=1+0.3y_n-1.4x_n^2\\ y_{n+1}=x_n\end{cases} \tag{8.12}$$

平衡点为

$$A=(0.631,0.631),\ B=(-1.131,-1.131)$$

Jacobi 矩阵为

$$J_1=\begin{pmatrix}-2.8x_n & 0.3\\ 1 & 0\end{pmatrix}$$

可得

$$|J|=-0.3$$

为耗散映射。

平衡点处的特征值为

(1) $s_1=-1.924$, $s_2=0.156$

(2) $s_1=3.259$, $s_2=-0.092$

8.6.1 A 点附近变换

小范围：一方向(对应 s_2)变窄，另一方向上伸长且方向相反(负)(见图

8.8)。

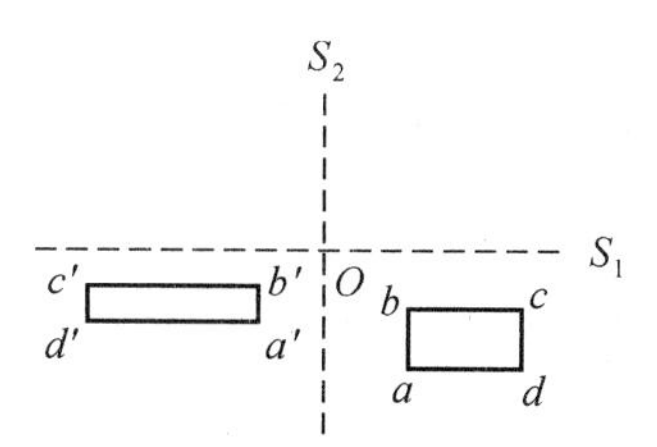

图 8.8　A 点附近的变换

8.6.2　大范围

(1)可以找到 $PQRS$,使得映射后的像 $P'Q'R'S'$ 在 $PQRS$ 内(可用直线与映射后抛物线不相交条件);

(2)每条边映成一条抛物线,构成 $P'Q'R'S'$;

(3)$P'Q'R'S'$ 进一步映成 $P''Q''R''S''$;

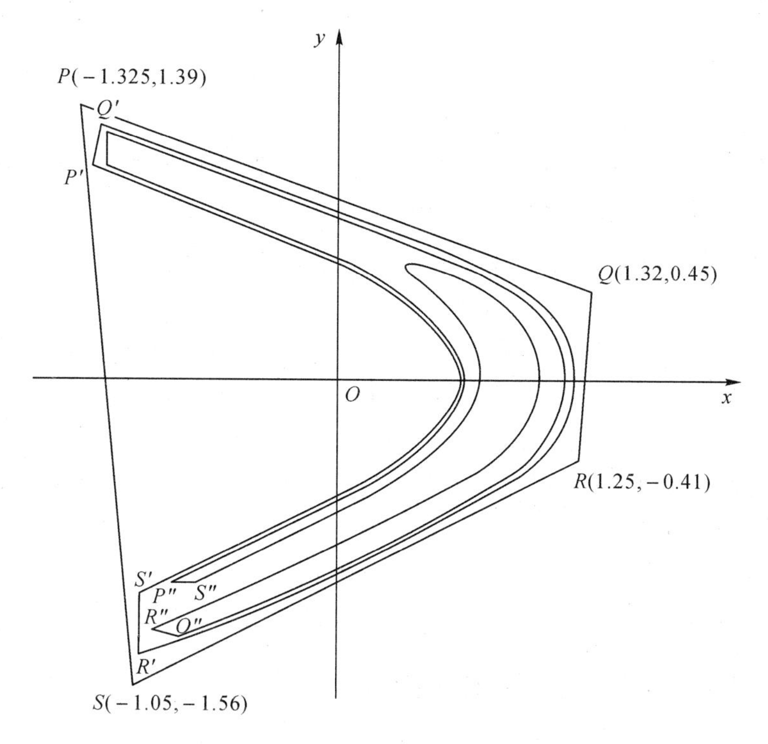

图 8.9　大范围 Henon 变换

(4)如果记 D:$PQRS$,f:Henon 映射,则 $D\supset fD\supset f^2D\supset\cdots\Rightarrow$ 吸引子 Ω;

(5)吸引子 Ω 是不变集合,是一无限长、盘旋无限多次的曲线。很明显,吸引子 Ω 的“维数”应大于 1 而小于 2。

图 8.9 表示将 $PQRS$ 逐次映成 $P'Q'R'S$ 和 $P''Q''R''S''$。

8.7 混沌(离散系统)的定义

8.7.1 动力系统的周期解

设动力系统为

$$y=f(x)=f\circ x : I\to I$$

记

$$\underbrace{f\circ f\circ\cdots\circ f}_{m}(x)=f^m(x)$$

若 $\bar{x}=f^m(\bar{x})$,称 $\bar{x}$ 是 m 周期的点(解)。

很明显,若 x 是 m 周期点,则也必是 qm 周期点。以后我们指 x 是 m 周期点是指 x 的一切周期中最小周期为 m。

设 x 是 f 的 1 周期点,则 x 是 f 的一个不动点,即 $x=f(x)$。从几何上看,它是 $y=f(x)$ 与 $y=x$ 的交点。

设 α 是 f 的 2 周期点,则 $\beta=f(\alpha)\neq\alpha$,$\alpha=f(\beta)$,从而 (α,β) 和 (β,α) 同时在曲线 $y=f(x)$ 上,换言之,这两点是关于 $y=x$ 对称的。

对于 3 周期的情形,有下列惊人的事实:

定理 8.1(Li &Yorke) 设 f:$I\to I$ 是连续函数,若 f 在 I 中有 3 周期点,那么其必定有任意 n 周期点。

这个定理是更广泛的 Sharkovsky 定理的一个特例,其意义在于:对于存在 3 周期的连续函数,其结果是下述定义的混沌。

8.7.2 混沌(离散系统)的定义

定义 8.4 设 f 是区间 I 到自身的连续映射,如果满足下列条件:

(1)f 的周期点的最小周期没有上界;

(2)存在 I 的不可数子集 S,对 $\forall x,y\in S$ 且 $x\neq y$,有

$$\limsup_{n\to\infty}|f^n(x)-f^n(y)|>0$$

$$\liminf_{n\to\infty}|f^n(x)-f^n(y)|=0$$

则称 f 是区间 I 上的混沌映射。

习题

8.1 从几何上比较周期吸引子和准周期吸引子。

8.2 浑沌吸引子是否一定要3维(含3维)以上系统才有?为什么?

8.3 刻划两个积分曲线之间(同步)发散或收缩的速率,与刻画本身两轨道之间本身发散或收缩的速率有何区别?

8.4 讨论 Lyapunov 指数和特征值在判断摄动轨道是否稳定中的异同点。

8.5 证明:在离散系统中,稳定的不动点处 x^*,$\lambda<0$;对于稳定的周期 m 的解:$x_n=F^m(x_n)$,也有 $\lambda<0$。

8.6 完成离散耗散系统中 Lyapunov 指数和吸引子分类之间关系的讨论。

8.7 证明:若 m 是点 x 的最小周期,n 是点 x 的一个周期,则必有 m 可以整除 n。

8.8 查阅有关文献,进一步列举浑沌出现的几种特征。

8.9 用图或表的方法说明 Lorenz 吸引子,当参数变化时的轨迹的变化(除书上一例外,再举一例)。

8.10 用数值方法绘出图8.9,包括 PQRS 的第3次映射图。

第 9 讲　分形与分数维

上一讲 8.4 节给出的混沌特征中指出，混沌吸引子只能用分数维表征，这一讲我们讨论集合的分数维及在混沌吸引子中应用。

定义 9.1　无统一的特征尺寸，在所有尺度上的图案好像是整体图像的一个缩影的自相似结构，称为**精细结构**。

定义 9.2(Mandelbrot)　具有精细结构的图形统称为**分形**。

9.1　分形的描述之一 —— 分数维

一个集合的容量维 D 定义为

$$D=\lim_{\varepsilon\to 0}\frac{\ln N(\varepsilon)}{\ln\left(\dfrac{1}{\varepsilon}\right)} \tag{9.1}$$

这里：ε 是长度尺寸；$N(\varepsilon)$是覆盖所需的长度为 ε 单元的数目。

对于平面上的集合，单元为边长为 ε 的正方形，对空间来说单元为边长为 ε 的立方体。

由于

$$\lim_{\varepsilon\to 0}\frac{\ln N(\varepsilon)}{\ln\left(\dfrac{1}{\varepsilon}\right)}=\lim_{\varepsilon\to 0}\frac{\ln[\alpha(\varepsilon)N(\varepsilon)]}{\ln\left(\dfrac{1}{\varepsilon}\right)},\quad 0<N_1\leqslant\alpha(\varepsilon)\leqslant N_2$$

所以上述 ε 单元可以换成任意其他单元。譬如在空间中，ε 单元可换成球或四面体等，因为它们与 ε 立方体只差一有界的比例常数 $\alpha(\varepsilon)$，从而与覆盖数 $N(\varepsilon)$之比是一有界量。

(1)对于不论是平面或空间中的、由连续曲线构成的集合

$$N(\varepsilon)=\frac{\alpha(\varepsilon)}{\varepsilon}$$

有

$$\lim_{\varepsilon\to 0}\alpha(\varepsilon)=\alpha_0$$

为曲线长度。

这里 $\alpha(\varepsilon)$是代替连续曲线的、每段长为 ε 的折线的总长度,从而

$$D=\lim_{\varepsilon\to 0}\frac{\ln N(\varepsilon)}{\ln\left(\frac{1}{\varepsilon}\right)}=\lim_{\varepsilon\to 0}\frac{\ln\alpha(\varepsilon)+\ln\left(\frac{1}{\varepsilon}\right)}{\ln\left(\frac{1}{\varepsilon}\right)}=1$$

(2)对于由可度量的曲面构成的集合

$$N(\varepsilon)=\frac{\beta(\varepsilon)}{\varepsilon^2},$$

有 $\lim_{\varepsilon\to 0}\beta(\varepsilon)=\beta_0$

为曲面面积

从而

$$D=\lim_{\varepsilon\to 0}\frac{\ln N(\varepsilon)}{\ln\left(\frac{1}{\varepsilon}\right)}=2$$

同理

(3)由可数个点(不论是在平面或空间中)构成的集合

$$D=0$$

(4)由可度量的块体构成的集合

$$D=3$$

显然容积维是由普通的点、线、面、体的维数的推广。

下面来看具有分数容积维集合的例子。

9.2 一些特殊集合的维数

1. Cantor 集

将线段(0,1)三等分,去掉中间段。这样连续进行得到 Cantor 集。

$$\varepsilon:\frac{1}{3},\left(\frac{1}{3}\right)^2,\cdots,\left(\frac{1}{3}\right)^n,\cdots$$

$$N(\varepsilon):2,2^2,\cdots,2^n,\cdots$$

$$D=\lim_{n\to\infty}\frac{\ln 2^n}{\ln 3^n}=\frac{\ln 2}{\ln 3}=0.6309\cdots$$

即维数比一般离散点集高，但比曲线要低。这里存在分数维。

2. Koch 曲线

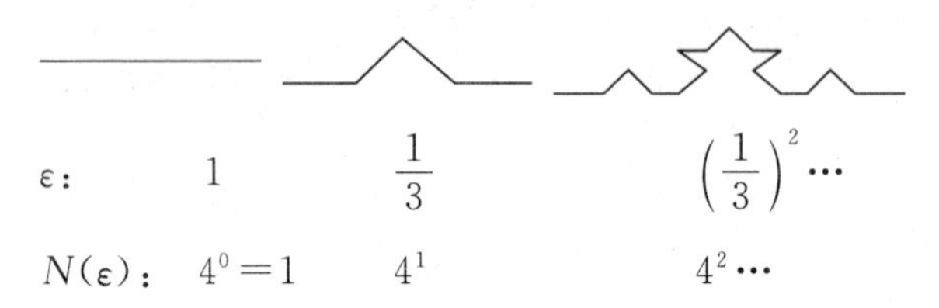

从而

$$D=\lim_{n\to\infty}\frac{\ln 4^n}{\ln 3^n}=\frac{\ln 4}{\ln 3}=1.2618\cdots$$

可以视为在直线 $d=1$ 上加了一些涨落：

$$d<D<d+1$$

记

$$\eta=d-D=-0.2618$$

由式(9.1) 可得

$$N(\varepsilon)\sim\varepsilon^{-D}$$

从而

$$L(\varepsilon)=\varepsilon\cdot N(\varepsilon)=\varepsilon^{1-D}=\varepsilon^{\eta}$$

为 Koch 曲线长度。

3. Sierpinski 垫片

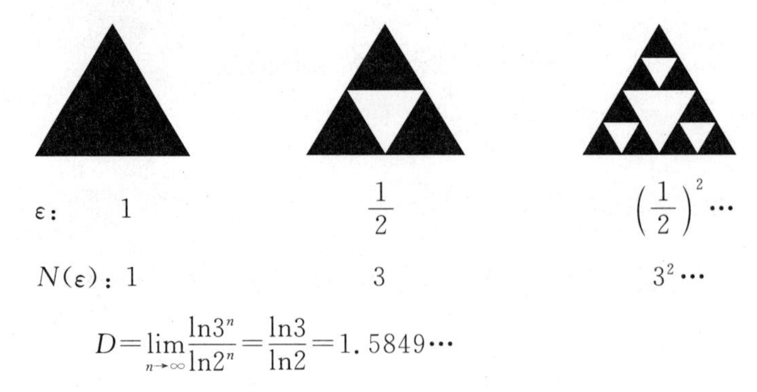

$$D=\lim_{n\to\infty}\frac{\ln 3^n}{\ln 2^n}=\frac{\ln 3}{\ln 2}=1.5849\cdots$$

类似的

$$S(\varepsilon)=\frac{\sqrt{3}}{4}\varepsilon^{2}N(\varepsilon)=\frac{\sqrt{3}}{4}\varepsilon^{2-D}=\frac{\sqrt{3}}{4}\varepsilon^{0.4150\cdots}$$

为 Sierpinski 垫片面积。

4. Sierpinski 海绵

边长为 1 的正方体，等分成 27 个边长为$\frac{1}{3}$的小正方体，去掉中间 7 个

$$\varepsilon:\frac{1}{3},\ \left(\frac{1}{3}\right)^{2},\ \cdots,\ \left(\frac{1}{3}\right)^{n},\ \cdots$$

$$N(\varepsilon):20,\ 20^{2},\ \cdots,\ 20^{n},\ \cdots$$

从而

$$D=\lim_{n\to\infty}\frac{\ln 20^{n}}{\ln 3^{n}}=\frac{\ln 20}{\ln 3}=2.7268\cdots$$

$$V(\varepsilon)=\varepsilon^{3}N(\varepsilon)=\varepsilon^{3-D}=\varepsilon^{0.2731\cdots}$$

9.3　混沌吸引子的分数维

某一映射的混沌吸引子是指：最后的点都被引入某一容量（面积或体积）为零的集合，而不是有限个或可数个点的集合。

现在来研究这种集合的维数。

9.3.1　二维映射

类似 Henon 映射，通常不稳定的不动点的 Floguet 乘子

$$|\rho_1|>1,\ |\rho_2|<1$$

N 次迭代后，$r<\varepsilon$ 的圆变成长半轴为 $|\rho_1|^{n}\varepsilon$、短半轴为 $|\rho_2|^{n}\varepsilon$ 的椭圆。此时面积若用半径为 $|\rho_2|^{n}\varepsilon$ 的圆去覆盖，至少需

$$N(|\rho_2|^{n}\varepsilon)=C(n)\frac{|\rho_1|^{n}}{|\rho_2|^{n}}$$

个，这里 $C(n)$是有界正因子，从而

$$D=\lim_{n\to\infty}\frac{\ln\left(\dfrac{C(n)|\rho_1|^{n}}{|\rho_2|^{n}}\right)}{\ln\left(\dfrac{1}{|\rho_2|^{n}\varepsilon}\right)}=1-\frac{\ln|\rho_1|}{\ln|\rho_2|} \qquad (9.2)$$

联想到前面的 Lyapunov 指数定义

$$\lambda_1=\ln|\rho_1|,\ \lambda_2=\ln|\rho_2|$$

则

$$D=1-\frac{\lambda_1}{\lambda_2}=1+\frac{\lambda_1}{|\lambda_2|} \tag{9.3}$$

对于 Henon 映射的两个不同点,Floguet 乘子分别为(−1.933,0.156)和(3.259,−0.092),所以

$$D_1=1-\frac{\ln 1.923}{\ln 0.156}=1.352\cdots,\quad D_2=1-\frac{\ln 3.259}{\ln 0.092}=1.495\cdots$$

即两个不同点附近的混沌吸引子的维数是有差别的。

注意:

(1)Henon 映射在一个方向上伸长、折叠,假定折叠后点的重叠数比起整体是一小量(只考虑初始区域在特征方向一侧即可)。

(2)这里考虑的是不同点邻域内的混沌吸引子的维数,所以可用 Floguet 乘子。

(3)$D<2$,这里因为是耗散系统,存在$|\rho_1\rho_2|<1$,所以

$$\ln|\rho_1|+\ln|\rho_2|<0\Rightarrow-\frac{\ln|\rho_1|}{\ln|\rho_2|}<1\Rightarrow D<2$$

9.3.2 三维自治系统

像 Lorenz 的三维动力系统进入混沌区后,平衡点的局部不稳定和全局稳定相结合,产生混沌吸引子,其 Lyapunov 指数为

$$\lambda_1>0,\ \lambda_2=0,\ \lambda_3<0$$

由耗散性

$$\lambda_1+\lambda_2+\lambda_3=\lambda_1+\lambda_3<0\Rightarrow|\lambda_3|>\lambda_1$$

微立方体 V_0 经过时间 t 后的体积为

$$V(t)=V_0\mathrm{e}^{(\lambda_1+\lambda_3)t}$$

取 $\varepsilon=\mathrm{e}^{\lambda_3 t}$,则

$$N(\mathrm{e}^{\lambda_3 t})=\frac{V(t)}{\mathrm{e}^{3\lambda_3 t}}=V_0\mathrm{e}^{(\lambda_1-2\lambda_3)t}$$

所以

$$D=\lim_{t\to\infty}\frac{\ln V_0\mathrm{e}^{(\lambda_1-2\lambda_2)t}}{\ln\mathrm{e}^{-\lambda_3 t}}=2-\frac{\lambda_1}{\lambda_3}=2+\frac{\lambda_1}{|\lambda_3|}\quad\text{(Yorke 公式)} \tag{9.4}$$

当 $\sigma=10, b=\frac{8}{3}, \mu=30$ 时

$$\lambda_1=1,\ \lambda_2=0,\ \lambda_3=-14.5$$

此时

$$D=2+\frac{1}{14.5}=2.07$$

9.3.3 任意维自治系统的混沌吸引子(某不动点附近)

将 Lyapunov 指数由大到小排列：$\lambda_1 \geqslant \lambda_2 \geqslant \cdots \geqslant \lambda_n$。假定

$$\sum_{k=1}^{m} \lambda_k \geqslant 0,\ \sum_{k=1}^{m+1} \lambda_k < 0$$

这样必有 $\lambda_{m+1}<0$。进一步假定 $\lambda_k<0, k=m+1,\cdots,n$，则 Yorke 公式可推广为

$$D=m+\frac{\sum_{k=1}^{m} \lambda_k}{|\lambda_{m+1}|} \tag{9.5}$$

这对于任意吸引子都是有意义的。

定常：$\lambda_1<0, \lambda_2<0, \lambda_3<0 \Rightarrow m=0, D=0$；

周期：$\lambda_1=0, \lambda_2<0, \lambda_3<0 \Rightarrow m=1, D=1$；

准周期：$\lambda_1=\lambda_2=0, \lambda_3<0 \Rightarrow m=2, D=2$。

9.4 自相似结构

Koch 曲线长度

$$L(\varepsilon)=\varepsilon^{\eta} \Rightarrow L(br)=b^{\eta} L(r) \tag{9.6}$$

即当尺寸放大 b 倍时，则曲线长度放大 b^{η} 倍。因为 $\eta<0$，所以实际长度为缩小，因为细节被忽略。

9.4.1 任意函数 $f(x)$ 的自相似关系

设

$$f(bx)=b^{\alpha} f(x),\ \forall b>0$$

为**自相似函数**，α 为**标度指数**，$b>0$ 为**标度因子**。

对多元函数来说，若

$$f(bx,y,z)=b^{\alpha_1}f(x,y,z)$$
$$f(x,by,z)=b^{\alpha_2}f(x,y,z)$$
$$f(x,y,bz)=b^{\alpha_3}f(x,y,z)$$

则称 α_1、α_2、α_3 分别为 x、y、z 方向上的**标度指数**。

9.4.2 自相似结构的另一形式

取

$$\delta_1=1,\ \delta_2=\frac{\alpha_1}{\alpha_2},\ \delta_3=\frac{\alpha_1}{\alpha_3}$$

则

$$f(b^{\delta_1}x,y,z)=f(x,b^{\delta_2}y,z)=f(x,y,b^{\delta_3}z)=b^{\alpha_1}f(x,y,z)$$

此时，x、y、z 上分别放大 b^{δ_1}、b^{δ_2}、b^{δ_3} 倍，从而体积放大倍数为

$$V=b^{\delta_1+\delta_2+\delta_3}$$

$$D=\delta_1+\delta_2+\delta_3=\alpha_1\left(\frac{1}{\alpha_1}+\frac{1}{\alpha_2}+\frac{1}{\alpha_3}\right) \tag{9.7}$$

9.4.3 自相似函数——Weierstrass 函数

$$W(x)=\sum_{m=-\infty}^{\infty}b^{-\alpha n}(1-\cos b^n x),1<b<2,\alpha=2-D$$

这里 D 是分数维（$1<D<2$），可以验证它是标度指数为 α 的自相似函数

$$W(bx)=\sum_{m=-\infty}^{\infty}b^{-\alpha n}(1-\cos b^{n+1}x)=b^{\alpha}W(z) \tag{9.8}$$

9.4.4 自相似结构——螺旋结构

对数螺旋结构为

$$r(\theta)=a\mathrm{e}^{b\theta}$$

任选 α，取

$$r_1(\theta)=a\mathrm{e}^{b\theta_1},r_2(\theta)=a\mathrm{e}^{b(\theta_1+\alpha)},\cdots,r_n(\theta)=a\mathrm{e}^{b[\theta_1+(n-1)\alpha]},\cdots$$

则

$$q=\frac{r_{n+1}}{r_n}=\mathrm{e}^{b\alpha}$$

旋转自相似结构为

$$r(\theta+\alpha)=e^{b\alpha}r(\theta) \tag{9.9}$$

习题

9.1　证明当集合由可数个点组成时，$D=0$。

9.2　为什么很多物理量的功率谱 $S(f)$ 具有 $\frac{1}{f}$ 的噪声？

9.3　什么叫精细结构？举例说明。

9.4　除讲稿中的四例外，再举2～3例说明分数维。

9.5　详细叙述如何从方程出发，计算混沌吸引子的维数，其他吸引子是否存在分数维。

9.6　证明推广的Yorke公式(9.5)。

9.7　什么叫自相似结构？研究自相似结构有什么用处？

附录 1　奇异摄动法简介

摄动方法是用于求解方程的一种有效的方法，具体可分为正规摄动法、奇异摄动法等，其中分别以小参数摄动法和多重尺度法最为常用。

附 1.1　小参数摄动法

小参数摄动方法的一般步骤是先将未知量写成关于小参数 ε 的展开式：

$$u = u_0 + \varepsilon u_1 + \varepsilon^2 u_2 + \cdots = \sum_{m=0}^{\infty} \varepsilon^m u_m \tag{附 1.1}$$

其中，εu_1 是对 u_0 的小量修正，而 $\varepsilon^2 u_2$ 是对 εu_1 的小量修正，以此类推。再将式(附 1.1)代入原方程中，则原方程化为关于小参数 ε 各幂次的方程。ε 的同幂次系数必须都为 0 才能使关于 ε 的方程恒等，于是原方程又转化为 n 个关于 ε 系数的方程组。

为了说明具体方法，考察如下代数方程：

$$u - \varepsilon u^3 - 1 = 0 \tag{附 1.2}$$

对 u 进行小参数展开如(附 1.1)式，当 $\varepsilon = 0$ 时，$u = 1$，所以令 $u_0 = 1$。将(附 1.1)式代入方程(附 1.2)得

$$\varepsilon u_1 + \varepsilon^2 u_2 + \varepsilon^3 u_3 + \cdots = \varepsilon(1 + \varepsilon u_1 + \varepsilon^2 u_2 + \varepsilon^3 u_3 + \cdots)^3$$

展开后得按 ε 的幂次排列的方程：

$$\varepsilon(u_1 - 1) + \varepsilon^2(u_2 - 3u_1) + \varepsilon^3(u_3 - 3u_2 - 3u_1^2) + \cdots = 0 \tag{附 1.3}$$

方程(附 1.3)关于 ε 是恒等的，于是可转化为如下方程组：

$$\begin{cases} u_1 - 1 = 0 \\ u_2 - 3u_1 = 0 \\ u_3 - 3u_2 - 3u_1^2 = 0 \\ \cdots\cdots \end{cases} \tag{附 1.4}$$

解得：$u_1=1, u_2=3, u_3=12, \cdots$。

这样，方程(附 1.2)的解便可由 $u=1+\varepsilon+3\varepsilon^2+12\varepsilon^3+\cdots$ 多项式逼近。这里 $u=u_0+\varepsilon u_1+\varepsilon^2 u_2+\cdots=\sum_{m=0}^{\infty}\varepsilon^m u_m$ 是方程(附 1.2)的渐近解。

渐近解和一般函数的级数解不同，它是一类逐渐逼近的解。

定义附 1.1 如果带小参数 ε 方程的解满足

$$u(\varepsilon)=\sum_{k=0}^{N}u_k\varepsilon^k+o(\varepsilon^N),\ \forall N>0$$

则称式(附 1.1)是方程解当 $\varepsilon\to 0$ 的渐近解。渐近解的任一有限截断 $\sum_{k=0}^{N}u_k\varepsilon^k$ 都可以视为原解的一个近似。

这里要注意的是，一个方程的渐近解和(收敛的)级数解的含意是不一样的：

(1) 前者是当 $\varepsilon\to 0$ 时，$u\sim\sum_{k=0}^{N}u_k\varepsilon^k$(即 $\frac{u}{\sum_{k=0}^{N}u_k\varepsilon^k}=1+o(\varepsilon^N)$)，但级数不一定收敛；而后者是当 $N\to\infty$ 时级数收敛于真实解。

(2)前者展开式可以不唯一；而后者必定是唯一的。

(3)前者所对应的解可以是不解析的，从而可以用来求奇异解；后者要求解是解析的，所以对应的方程必须是正则的。

再来考虑方程

$$e^x\tan x=1 \qquad (附 1.5)$$

$\tan x$ 为周期函数，因此方程(附 1.5)的根有无穷多个，我们现在用小参数摄动法求它的大根。

将方程写为

$$\tan x=e^{-x} \qquad (附 1.6)$$

x 较大时，可近似认为 $\tan x=0$，解得 $x=k\pi$，k 为较大的整数。然而该解不能满足原方程。为了得到更为精确的解，我们令 $x=k\pi+\delta$，代入方程(附 1.6)得

$$\tan(k\pi+\delta)=e^{-k\pi-\delta}$$

即

$$\tan\delta=e^{-k\pi}e^{-\delta} \qquad (附 1.7)$$

因为

$$\tan\delta=\delta+\frac{1}{3}\delta^3+\cdots \tag{附 1.8}$$

$$e^{-\delta}=1-\delta+\frac{\delta^2}{2!}-\frac{\delta^3}{3!}+\cdots \tag{附 1.9}$$

将(附 1.8)和(附 1.9)式代入方程(附 1.7)得

$$\delta+\frac{1}{3}\delta^3+\cdots=e^{-k\pi}\left(1-\delta+\frac{\delta^2}{2!}-\frac{\delta^3}{3!}+\cdots\right) \tag{附 1.10}$$

令 $e^{-k\pi}=\varepsilon$ 作为小参数修正,代入(附 1.10)式,则

$$\delta+\frac{1}{3}\delta^3+\cdots=\varepsilon\left(1-\delta+\frac{\delta^2}{2!}-\frac{\delta^3}{3!}+\cdots\right) \tag{附 1.11}$$

将 δ 写成如下展开式:

$$\delta=\varepsilon\delta_1+\varepsilon^2\delta_2+\varepsilon^3\delta_3+\cdots \tag{附 1.12}$$

代入方程(附 1.11)便有

$$\begin{aligned}&\varepsilon\delta_1+\varepsilon^2\delta_2+\varepsilon^3\delta_3+\cdots+\frac{1}{3}\varepsilon^3\delta_1^3+\cdots\\&\quad=\varepsilon\left(1-\varepsilon\delta_1-\varepsilon^2\delta_2+\frac{\varepsilon^2\delta_1^2+\cdots}{2}+\cdots\right)\end{aligned} \tag{附 1.13}$$

我们精确到 $O(\varepsilon^3)$ 项,令 ε 的同次幂系数相等,则有

$$\begin{cases}\delta_1=1\\ \delta_2=-\delta_1\\ \delta_3=\dfrac{\delta_1^2}{2}-\delta_2-\dfrac{\delta_1^3}{3}\end{cases} \tag{附 1.14}$$

于是可得 $\delta_1=1,\delta_2=-1,\delta_3=\frac{7}{6}=1.167$。那么,方程(附 1.5)的解就可以写成关于 δ 的展开修正形式

$$x\approx k\pi+\varepsilon-\varepsilon^2+1.167\varepsilon^3,\quad \varepsilon=e^{-k\pi} \tag{附 1.15}$$

以上两个例子都是用小参数摄动法求解方程成功的例子,但在不少情形下,用小参数摄动法得到的近似解不是渐近解,导致该方法失效。

考虑如下无阻尼无强迫力的 Duffing 方程:

$$\frac{d^2x}{dt^2}+\omega_0^2x=-\varepsilon\beta_0^2x^3,\quad \varepsilon>0 \tag{附 1.16}$$

令

$$x=x_0+\varepsilon x_1+\varepsilon^2x_2+\cdots \tag{附 1.17}$$

代入方程(附 1.16),整理后可得到零级、一级和二级近似方程:

$$\begin{cases} \dfrac{d^2 x_0}{dt^2}+\omega_0^2 x_0=0 \\ \dfrac{d^2 x_1}{dt^2}+\omega_0^2 x_1=-\beta_0^2 x_0^3 \\ \dfrac{d^2 x_2}{dt^2}+\omega_0^2 x_2=-\beta_0^2 x_0^2 x_1 \end{cases} \tag{附 1.18}$$

对于(附 1.18)的第一个方程,其通解为

$$x_0=a\cos(\omega_0 t+\theta_0) \tag{附 1.19}$$

代入(附 1.18)的第二个方程有

$$\frac{d^2 x_1}{dt^2}+\omega_0^2 x_1=-\frac{1}{4}\beta_0^2 a^3[\cos 3(\omega_0 t+\theta_0)+3\cos(\omega_0 t+\theta_0)] \tag{附 1.20}$$

不难求得(零初始条件)

$$x_1=-\frac{3\beta_0^2}{8\omega}a^3 t\sin(\omega_0 t+\theta_0)+\frac{\beta_0^2}{32\omega_0^2}\cos 3(\omega_0 t+\theta_0) \tag{附 1.21}$$

可以看到,解 x_1 中出现了 t 的一次项,即最终得到的解 x 将随着时间的增长而发散,从而导致该摄动法失效。

事实上,随着时间的增长,εt 将不再是小量了,于是(附 1.17)式中 εx_1 也不再是 x_0 的小量修正,最终导致方法的失效。

那么如何才能不使摄动方法失效呢?从式(附 1.17)和(附 1.21)中可以看出,当 t 增大到和 ε^{-1} 同一量级时,εt 就不能看成小量而应独立作为新的变量处理。以此类推,当 t 增大到 ε^{-2},ε^{-3},…量级时,$\varepsilon^2 t$,$\varepsilon^3 t$,…也要独立作为新的变量处理,令 $T_0=t$,$T_1=\varepsilon t$,$T_2=\varepsilon^2 t$,$T_3=\varepsilon^3 t$,这样便产生了多重尺度变量。

附 1.2 多重尺度法

第一步:引进多重尺度变量,如多重时间尺度,有

$$\begin{cases} T_0=t \\ T_1=\varepsilon t \\ T_2=\varepsilon^2 t \\ \cdots\cdots \\ T_n=\varepsilon^n t \end{cases} \tag{附 1.22}$$

第二步：认为函数 x 不仅依赖于 ε 和 t，还依赖于 $T_0,T_1,\cdots,T_n$，有

$$x=x_0(T_0,T_1\cdots T_n)+\varepsilon x_1(T_0,T_1\cdots T_n)+\cdots \tag{附 1.23}$$

第三步：因为 x 是关于 $T_0,T_1,\cdots,T_n$ 的函数，于是 $\frac{\mathrm{d}}{\mathrm{d}t}$ 需用复合求导，即

$$\frac{\mathrm{d}}{\mathrm{d}t}=\frac{\partial}{\partial T_0}+\varepsilon\frac{\partial}{\partial T_1}+\cdots+\varepsilon^n\frac{\partial}{\partial T_n}+O(\varepsilon^{n+1}) \tag{附 1.24}$$

将（附 1.23）和（附 1.24）代入到 Duffing 方程（附 1.16）可得

$$\left(\frac{\partial}{\partial T_0}+\varepsilon\frac{\partial}{\partial T_1}+\cdots\right)^2(x_0+\varepsilon x_1+\cdots)+\omega_0^2(x_0+\varepsilon x_1+\cdots)$$
$$=-\varepsilon\beta_0^2(x_0+\varepsilon x_1+\cdots)^3 \tag{附 1.25}$$

令 ε 各幂次系数为零，得到零级和一级近似方程：

$$\begin{cases}\dfrac{\partial^2 x_0}{\partial T_0^2}+\omega_0^2 x_0=0\\[2ex] \dfrac{\partial^2 x_1}{\partial T_0^2}+\omega_0^2 x_1=-2\dfrac{\partial^2 x_0}{\partial T_0\partial T_1}-\beta_0^2 x_0^3\end{cases} \tag{附 1.26}$$

易得（附 1.26）的第一个方程通解为

$$x_0=a(T_1,T_2,\cdots,T_n)\cos\left[\omega_0 T_0+\theta_0(T_1,T_2,\cdots,T_n)\right] \tag{附 1.27}$$

因为（附 1.26）的一式是偏微分方程，因而解得的 x_0 中 a（振幅）和 θ_0（初相位）和 T_0 无关，可以写成 $T_1,T_2,\cdots,T_n$ 的函数。

将（附 1.27）代入（附 1.26）的第二个方程，得

$$\frac{\partial^2 x_1}{\partial T_0^2}+\omega_0^2 x_1=2\omega_0\frac{\partial a}{\partial T_1}\sin(\omega_0 T_0+\theta_0)$$
$$+\left(2\omega_0 a\frac{\partial\theta_0}{\partial T_1}-\frac{3}{4}\beta_0^2 a^3\right)\cos(\omega_0 T_0+\theta_0)-\frac{1}{4}\beta_0^2 a^3\cos 3(\omega_0 T_0+\theta_0) \tag{附 1.28}$$

（附 1.28）式的等号右边存在 $\sin(\omega_0 T_0+\theta_0)$ 和 $\cos(\omega_0 T_0+\theta_0)$ 两个共振项，如果不将其去掉，结果便会像（附 1.21）式那样出现关于 t 的长期项。而与小参数摄动法不同的是，（附 1.28）式中共振项前的系数是可以为零的。令

$$\begin{cases}\dfrac{\partial a}{\partial T_1}=0\\[2ex] \dfrac{\partial\theta_0}{\partial T_1}=\dfrac{3\beta_0^2 a^2}{8\omega_0}\end{cases} \tag{附 1.29}$$

从（附 1.29）式的第一个方程可知，a 与 T_1 也无关，也就是说，振幅对

于时间是缓慢变化的。(附 1.29)式的第二个方程可解得

$$\theta_0=\frac{3\beta_0^2a^2}{8\omega_0}\varepsilon t+\theta(T_2,T_3,\cdots,T_n) \quad (附 1.30)$$

这样方程(附 1.28)就简化为

$$\frac{\partial^2x_1}{\partial T_0^2}+\omega_0^2x_1=-\frac{1}{4}\beta_0^2a^3\cos 3(\omega_0T_0+\theta_0) \quad (附 1.31)$$

相应的特解为

$$x_1=\frac{\beta_0^2a^3}{32\omega_0^2}\cos 3(\omega_0T_0+\theta_0) \quad (附 1.32)$$

结合(附 1.27)式、(附 1.30)式和(附 1.32)式,便得到 Duffing 方程(附 1.16)的一阶近似解

$$x=a(T_2,T_3,\cdots,T_n)\cos\theta+\frac{\beta_0^2a^3}{32\omega_0^2}\cos 3\theta+O(\varepsilon^2) \quad (附 1.33)$$

其中

$$\theta=(\omega_0+\frac{3\beta_0^2a^2}{8\omega_0}\varepsilon)t+\theta(T_2,T_3,\cdots,T_n) \quad (附 1.34)$$

附录 2　三次方程的解

考虑下列实系数三次方程

$$x^3+bx^2+cx+d=0 \tag{附 2.1}$$

的解。

作变量代换 $y=x+\frac{1}{3}b$，则上述方程变成

$$y^3+py+q=0 \tag{附 2.2}$$

式中

$$p=-\frac{1}{3}b^2+c,\quad q=\frac{2}{27}b^3-\frac{1}{3}bc+d$$

考虑恒等式

$$y^3+u^3+v^3-3yuv=(y+u+v)(y^2+u^2+v^2-uv-vy-yu) \tag{附 2.3}$$

如果将(附 2.2)式写成(附 2.3)式的形式，则可求得方程(附 2.2)的解。比较(附 2.2)式和(附 2.3)两式得

$$\begin{cases}-3uv=p\\ u^3+v^3=q\end{cases} \Rightarrow \begin{cases}u^3v^3=-\dfrac{p^3}{27}\\ u^3+v^3=q\end{cases} \tag{附 2.4}$$

(1) $q^2+\frac{4}{27}p^3\geqslant 0$

此时方程(附 2.4) 有一组实根

$$u_1,v_1=\left(\frac{1}{2}q\pm\sqrt{\frac{1}{4}q^2+\frac{1}{27}p^3}\right)^{\frac{1}{3}} \tag{附 2.5}$$

如果记 $\omega=\exp\left(\mathrm{i}\,\frac{2}{3}\pi\right)$，则方程(附 2.2) 具有一个实根、两个复根

$$y_1=-(u_1+v_1),\quad y_2=-(u_1\omega+v_1\omega^{-1}),$$
$$y_3=-(u_1\omega^{-1}+v_1\omega) \tag{附 2.6}$$

(2) $q^2+\frac{4}{27}p^3<0$

此时方程(附 2.4) 有一组解

$$u_1=\beta\exp(\mathrm{i}\theta),\quad v_1=\beta\exp(-\mathrm{i}\theta) \tag{附 2.7}$$

式中

$$\beta=\left(-\frac{1}{27}p^3\right)^{\frac{1}{6}},\theta=\frac{1}{3}\arctan\left(-\frac{2\sqrt{-\frac{1}{4}q^2-\frac{1}{27}p^3}}{q}\right)$$

从(附 2.4)式可知,uv 应为实数,所以另外两组解应为

$$u_2=u_1\omega,v_2=v_1\omega^{-1}$$

$$u_3=u_1\omega^{-1},v_3=v_1\omega \tag{附 2.8}$$

这样可以得到方程(附 2.2)的三个实根

$$y_j=-(u_j+v_j),j=1,2,3 \tag{附 2.9}$$

参考书目

[1] 刘式适,刘式达,谭道尴.非线性大气动力学.北京:国防工业出版社,1996

[2] 朱照宣.非线性力学讲义(油印稿).1984

[3] 陈滨.分析动力学.北京:北京大学出版社,1987

[4] 丁同仁.常微分方程教程.北京:高等教育出版社,1991

[5] 胡海岩.应用非线性动力学.北京:航空工业出版社,2000

[5] 阿诺尔德.经典力学中的数学方法.北京:高等教育出版社,2006

[6] 阿诺尔德.常微分方程.北京:高等教育出版社,2001

[7] Hinch EJ. Pertubation Methods. Cambridge University Press, 1991

[8] 克鲁著,凌复华译.非线性动力学系统的数值研究.上海:上海交通大学出版社,1989

[9] 马尔金著,秦元勋等译.非线性振动理论中的李雅普诺夫和邦加来方法.北京:科学出版社,1959

[10] Guckenheimer J, Holmes P. Nonlinear Oscillations, Dynamical Systems and Bifurcations of Vector Fields. Springer Verlay, 1983